山岳地農業における
収益の強迫と生活への回旋

――19世紀から21世紀初頭のフランス・オート＝ザルプ県を対象に――

伊丹一浩著

御茶の水書房

はしがき

　日本では1961年の農業基本法にて農業部門と非農業部門の所得格差を是正するべく農業の近代化が目指され、生産性の拡大や収益性の向上が追求されてきた。しかし、近年、例えば、半農半X、半日農業論、地域社会型農業など、収益を追求する農業とは異なり、生活の論理を重視するようなあり方が提唱されており、2020年の食料・農業・農村基本計画でも農業に関わる新しいライフスタイル追求の取り組みや小規模農家も含めた農業経営の展望が示されている。

　世界的に見ても国際連合が2019年から2028年の10年間を家族農業の10年と位置付け、社会経済、環境、文化、地域のネットワークにおけるその重要性を踏えた上で、大規模経営とは異なる農業のあり方を後押ししようとしている。フランスでも、例えば、産業的な近代農業を批判し、収益の追求を相対化しつつ環境や生活の論理を重視した農業を実践する非農家出身の経営者が、ネオ＝ペイザン（Néo-paysans）やネオ＝リューロー（Néo-ruraux）と呼ばれ注目されている。

　こうした動きは、濃淡を含みながらも、農業の近代化や新自由主義的グローバリズムの深化、あるいは各国で実施される農業政策の影響への対抗に由来している。近代化された農業では収益の拡大を目指して、経営の効率化、規模拡大、機械化、化学化、施設化などが進められ、確かに、それにより生産性が飛躍的に向上したが、農産物の過剰、財政負担、機械化貧乏、環境破壊、農業の持続性の毀損など農業経営や農業経済に関わる諸問題が生じた。そして、新自由主義的グローバリズムの圧力や各国の農業政策の影響の下、農業経営のさらなる淘汰、アグリビジネスへの依存深化、フードシステムにおける農業の収益帰属割合の縮小が生じ、問題の悪化を助長している。こうした状況に直面するに及んで、収益志向を旨とする農

業ではなく、包括的な形で生活を重視する農業に向けた模索が始められているのである。

　確かに、歴史的に見ると近代化以前に見られた農業にも収益への志向はすでに内包されていた。土地の取得や家畜の購入、あるいは租税の支払いや他給依存的必需品の購入などに必要な現金獲得のため販売活動はされており、それに連続するような形で収益志向が存在した。しかし、それは全面的に展開していたわけではなく、それが拡大したのは農業の近代化が進む中でのことであった。そこで、本書では、近代化の胎動以前の農業における収益志向やそれ以降における拡大を跡付けるとともに、やがて生まれ出てくるそれへの対応や対抗としての生活志向の農業の動きを検討する。

　それに当たり、対象は、フランス南部山岳地オート＝ザルプ県とした。当県は首都パリから直線距離にしておおよそ550km、イタリアとの国境付近、フランスの中心から見るに周縁的な場所に位置する。戦後、観光業の発展などにより人口は増加しているが、製造業の展開は概して微弱であり、農業はヒツジやウシの飼育、リンゴやナシなどの果樹の栽培が見られるが、総じて厳しい状況に置かれている。

　フランスでは、歴史的に見て小規模家族農業経営が広範に展開していたが、かねてより緩慢ながらも後退傾向を見せていたところ、特に農業の近代化が政策的に推し進められる1960年代よりその傾向が加速した。オート＝ザルプ県でも同様である。もっとも、オート＝ザルプ県はフランスの典型ではなく、当県農業もフランス農業の典型ではない。むしろ、アルプ山岳地に位置する当県の地形は急峻で気候は冷涼であり、フランスの中でも特に不利な条件下に置かれている。しかし、この様な地域を検討の対象にするからこそ、農業における収益志向の展開やそれをめぐる問題を浮き彫りにできるのである。

　本書は、茨城大学の基盤科目（農をめぐる人間と自然との関係史、フランスの経済と農業）、農学部専門科目（農業史・環境史、現代農業論、国際農業論）、放送大学の専門科目（フランス山岳地の農業と経済）の一部を基にし

て執筆されている。ただし、定説化された内容を解説する教科書としてではなく、より踏み込んだ内容を扱う参考書や副読本として執筆されている。上記の授業では、他では聞けないようなマニアックな内容も含まれていたかと思われるが、そのような講義を受講するだけではなく、本質を突く鋭い質問や反応を下さった受講生各位にここに記して感謝の意を表したい。

　なお、本書では、関連史料を本格的に利用した実証的な学術研究を行うことも関連文献の網羅的な渉猟もできていない。さらなる討究のためには、本書で参照されている文献や、そこに示されている文献に当たること、さらに進んで、オート=ザルプ県文書館、フランス国立文書館、フランス国立図書館等にて史料を分析したり、現地調査を実施することが必要である。

凡　例

1. 文献の引用に際しては、著者と出版年、該当ページを記載し、巻末の参考文献一覧を参照するようにした。
2. ホームページの引用に際しては、作成者のあとに（SI）を付すことでその旨を示し、巻末の参考ホームページ一覧を参照するようにした。なお、同一作成者の複数のページを参照している場合には、①、②、③などと番号を付しておいた。
3. 重量や通貨などの単位は小文字のローマ字（例えば、kgやfrなど）で示したが、容積の単位であるリットルだけは大文字のローマ字（すなわちL）で示した。通貨の単位であるユーロは€を使用した。flも通貨の単位でフローリンを表している。

主要略語一覧

AMAP（Association pour le maintien d'une agriculture paysanne：農民的農業維持のためのアソシアシオン）

AOP（Appellation d'origine protégée：原産地保護呼称）

DJA（Dotation jeunes agriculteurs：青年農業者自立助成金）

EP05（Echanges Paysans Hautes-Alpes：農民的交換オート＝ザルプ）

GAEC（Groupement agricole d'exploitation en commun：共同経営農業集団）

GIEE（Groupement d'intétêt économique et environnemental：経済環境価値集団）

GRAAP（Groupe de recherche-action sur l'agroécologie paysanne：農民的アグロエコロジーに関するアクションリサーチ・グループ）

HVE（Haute valeur environnementale：環境高価値）

IGP（Indication géographique protégée：地理的保護表示）

INSEE（Institut national de la statistique et des études économiques：国立統計経済研究所）

IVD（Indemnité viagère de départ：離農終身補償金）

SAFER（Société d'aménagement foncier et d'établissement rural：土地整備農業施設会社）

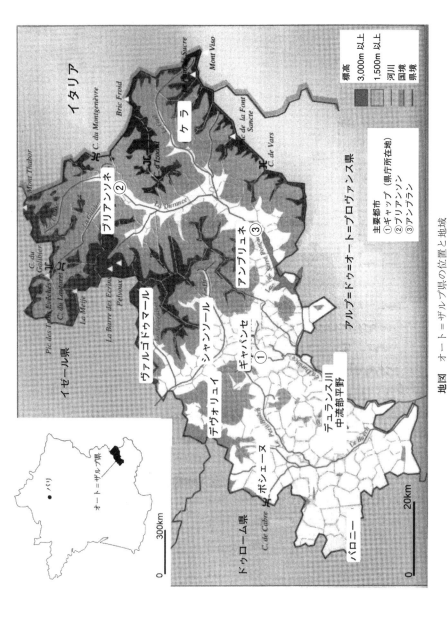

地図　オート＝ザルプ県の位置と地域

出典：Brun（1995）に収録されているCommunes des Hautes-Alpes (Fond oro-hydrographique) より作成

山岳地農業における収益の強迫と生活への回旋

目　　次

目　　次

はしがき　i

凡例　iv

主要略語一覧　v

地図　vi

Ⅰ　農業における収益と生活 ………………………………… 1
　　1　農業の意義と目的　2
　　2　農業における収益と生活　3
　　　(1)　生活のあり方と他給依存性　3
　　　(2)　農業における収益志向の顕現　4
　　　(3)　資本主義経済における農業の収益と生活　6

Ⅱ　オート＝ザルプ県の自然的特徴と歴史的背景 …………… 9
　　1　オート＝ザルプ県の基本的情報　10
　　2　オート＝ザルプ県の自然的特徴　11
　　　(1)　自然の特徴　11
　　　(2)　農業に関わる不利性　12
　　3　オート＝ザルプ県の歴史的背景　13
　　　(1)　交易の結節点から周縁へ　13
　　　(2)　資本主義経済発展の中のオート＝ザルプ県　15
　　　(3)　オート＝ザルプ県の現状　17
　　　(4)　小括　18

Ⅲ　近代化の胎動以前の農業における収益志向の伏在 ……… 23
　　1　農業の概要　24
　　2　販売向け生産の存在と限界　27
　　　(1)　アサの後退とブドウの限界　27

viii

（2）畜産における販売の契機　29

　　（3）小括　30

　3　農業技術の状況　31

　　（1）肥料　31

　　（2）農具と農業施設　32

　　（3）畜産技術の状況　33

　　（4）資本投入の微弱性と他給依存回避の傾向　34

　4　収益志向の伏在と顕現の潜在的可能性　35

　　（1）他給依存の存在と収入の必要　35

　　（2）兼業・副業・出稼ぎの存在　38

　　（3）収益志向の伏在と顕現の潜在的可能性　39

Ⅳ　他給依存の契機拡大と収益志向の漸次的顕現 ‥‥‥‥‥ 45

　1　農業における販売の契機の拡大　46

　　（1）農業の動向　46

　　（2）ナシの商業的生産の拡大と流通における動き　49

　　（3）リンゴの商業的生産の拡大と流通における動き　51

　　（4）プラムの商業的生産の動向　52

　　（5）ラベンダーの採集の展開　54

　　（6）牛乳販売の拡大　56

　　（7）ヒツジの肥育と子ヒツジの生産　58

　　（8）小括　59

　2　農業技術における改良と限界　60

　　（1）農機具の改良と限界　60

　　（2）動力の利用とトラクタ導入の限定性　62

　　（3）農機具類導入をめぐる資本の寡少と他給依存性　63

　　（4）化学肥料の導入と限界　65

　　（5）小括　66

　3　生活における他給依存性の漸次的拡大　67

　　（1）20世紀初頭のブリアンソネ　67

（2）1930年代のシゴワイエ　69

  4　収益志向顕現のメカニズム　71

Ⅴ　他給依存性の深化と収益の強迫 ……………………… 79

  1　農業の近代化への方向付けとオート＝ザルプ県の農業の変化　80

    （1）農業の近代化への方向付け　80

    （2）オート＝ザルプ県の農業生産　82

    （3）灌漑整備と交換分合の進展　84

    （4）機械化と畜舎の整備の進展　86

  2　トラクタの導入とその影響　88

    （1）トラクタ導入以前の状況　88

    （2）トラクタの段階的導入　89

    （3）トラクタ導入の動機と作業面での効果　90

    （4）経営のあり方の変化　93

    （5）景観・環境・生活への影響　95

  3　トラクタの導入と収益の強迫　96

    （1）トラクタの価格　96

    （2）借り入れの必要　97

    （3）収益の強迫　99

    （4）小括　102

  3　他給依存性の深化と収益の強迫　102

    （1）経営における他給依存性の深化　102

    （2）生活における他給依存性の深化　104

    （3）他給依存性の深化と収益の強迫　105

Ⅵ　収益確保の動きと食料自律に向けた取り組み ……… 115

  1　収益をめぐる問題と新しい動き　116

    （1）農業経営の脆弱化　116

    （2）収益をめぐる問題　119

    （3）各種認証に関わる取り組み　121

（4）農産加工・多角化・短経路流通の取り組み　124

2　Agribio05による有機農業に関わる取り組み　125

（1）Agribio05の概要　125

（2）有機野菜生産者の事例　126

（3）小括　128

3　EP05による流通に関わる取り組み　130

4　AMAP de Veynesによる産消提携の取り組み　131

（1）AMAPの概要　131

（2）生産者の状況　132

（3）小括　135

5　GRAAPによる再地域化のアクションリサーチ　136

6　菜園の再評価と食料に関わる自律　137

（1）菜園の再評価の動き　137

（2）ジャルダン・パルタジェの例　137

（3）食料に関わる自律への志向　139

7　農業における新しい動きの意義　140

VII　農業における生活への回旋と経済のあり方 ……………149

1　農業における生活への回旋と収益の必要　150

2　経済のあり方と展望　152

（1）収益志向への潮流と対抗の動き　152

（2）資本主義経済の歴史性と特殊性　154

（3）経済のあり方と展望　155

あとがき　161

参考文献・参考ホームページ一覧　163

図表一覧　175

索引　177

chapter I

農業における収益と生活

本書は、フランス南部山岳地オート＝ザルプ県の農業における収益志向と生活志向の変化を跡付けようとするものである。それに先立ち、まず、農業における収益と生活について基本的な事項を押さえておこう。

1 農業の意義と目的

　農業は作物の栽培や家畜の飼育を通して、人間の生命や生活の維持に不可欠な食料の生産を行う経済活動である。あるいは食料に限らず日用品などの原料（例えば、アサや羊毛、皮革、あるいはイグサやコウゾなど）を生産する活動である。よって、特に食料生産の場合に顕著であるが、農業は端的に人間の生命や生活にとって不可欠にして根源的な経済的営為と性格付けることができる。

　こうした根源的な意義を背負いながら、実際の経済活動として農業が営まれる場合には、自給生産物の獲得や収益の獲得を目的として行なわれている。特に資本主義経済が発展する以前には自給的な農業が広く行われており、それによって家族の生活が支えられていた。そして、現代でもこのような農業は発展途上国などで広く行われているし、日本や先進国でも実際に存在する。

　経済の中で分業が進むと都市などで非農業者が増加する。それにより、市場における農産物への需要も拡大する。加えて、輸送手段が発達することで、市場へ農産物を供給する可能性も広がる。ここに販売に向けた農業の可能性が拡大し、収益や利潤を目的とした農業が展開することになる。

　収益は生活に資することができる。分業と交易が進展している社会であれば、物質的な豊かさも精神的な豊かさも収益によって実現しうる可能性が広がる。また、収益は利潤にも繋がりうる。農業であっても企業的な経営にまで発展し、その活動を増強したり、市場における競争に打ち勝つことで収益を拡大し、利潤を追求することが可能になる。

　自給的農業も販売を目的とする農業もいずれも古くからなされており、

そして、いずれも現代に至るまで続いている。しかし、そのあり方は、自然や経済や社会に影響を与えつつも、それらに規定されながら変化してきたものである。周囲の諸条件との相互作用的関係の中で歴史的に変化し、形成されてきたものなのである。

2 農業における収益と生活

(1) 生活のあり方と他給依存性

　生活という言葉はいろいろな内容を含んでおり、実際のあり方も多様である。その中で食は、物質代謝やエネルギー代謝を通して人間の生命の維持を可能にするもので、いわば根源的な生活の営みを構成するものと位置付けることができる。しかし、人間の生活は、そうした基相的な営みにはとどまらない。日用品や家電製品、自動車、パーソナルコンピューター、スマートフォンなどは、それがなくとも生命自体は維持しうるし、あるいは奢侈品とも重なりうるものであるが、たとえ、そうであっても、それらもまた、われわれの生活を構成するものである。中には社会的な生活を営むにあたって必需品といいうるものもあるし、あるいは生活を物質的に豊かなものにしうるものもある。そして、さらには、それと連続する形を取る場合も含みつつ、文化、芸術、宗教、趣味娯楽などに関わる活動も、われわれの生活の営みを構成するものである。自然との関係の取り結びや社会的な関係の構築などをも含め、いわば包括的な意味でわれわれの生を充実させうるものである。このように、生命の維持といった根源的な相から生の充実実現といった包括的な相に至るまで、グラデーションを持つ諸相を生活は含んでいるのである。

　生活の成り立ちが具体的にどうあるべきかを論ずることは本書ではできないが、それでいて重要なのは、社会的経済的条件や物質的な条件に規定されつつ、その内容やあり方が歴史的に変化していることであり、しか

し、同時に、一定の社会的な生活水準やあり方が、逆に、ある種の規範や標準のごとく立ち現れ、その社会の構成員に対して規制や桎梏のごとく作用することである。

なお、生活の内容やあり方が多様であるとしても、いずれにせよ、多かれ少なかれ他給依存性を免れることはできない。基相的な生活の営みにせよ、物質的に豊かな生活の営みにせよ、生の充実という包括的な意味での生活の営みにせよ、すべてを自給物でカバーできるわけではない。その割合を定量化することは直ちにはできないが、古くから人間が交易や流通を通した経済的な関係を多かれ少なかれ取り結んできたことからも窺えるように、その程度には差があるとはいえ、生活の営みの中には他給依存性が何らかの形で含まれているのである。

そして、こうした他給依存性をカバーするにあたり、所得や収益が意味を持つことになる。農業でも同様である。食料でさえも、実際には、農業者であっても、すべてを自給できるわけではない。ましてや塩などの必需品にして、自らでは生産し得ないものは他給依存せざるを得ず、家電製品や自動車、テレビなども同様である。文化、芸術、宗教などに関わる営みでも、経済的な裏付けが必要である。もちろん、実際には、兼業や副業、出稼ぎなど農業外での収入もまた、他給依存性への対応に充てることができるが、農業経営による収益ももちろん助力となる。農業においても生活と収益は互いに相容れないわけでは必ずしもない。

(2) 農業における収益志向の顕現

大掴みにいえば、近代化以前の農業経営では自給に向けた生産が大きな比重を占めていた。もちろん、例えば、都市近郊の商業的農業や熱帯地方のプランテーション経営などでは収益を追求するものが存在していたが、しかし、大多数が農業を営んでいるような社会であれば、農産物に対する需要は限定的にならざるを得ないし、輸送手段や保蔵手段が未発達であれば、自ずから販路も制限されたものとなるため、収益に向けた生産もまた

Ⅰ　農業における収益と生活

限定的なものとなっていたと考えられる。また、輸送手段や保蔵手段の発達が不十分であるとすれば、農業経営にせよ家族の生活にせよ、その中で必要となる食料や物資を多く他給依存することは困難であり、農産物や畜産物など可能なものは自給することが必要となった。

　もちろん、近代化以前であっても、塩の調達や租税の支払い、あるいは土地や家畜の購入など、生活や経営の場面において現金が必要なケースは存在する。農業経営において収益があれば、それら支払いに充てることが可能となる。しかし、出稼ぎや兼業、副業に携わっていれば、現金収入はこれに頼るという戦略も可能であった。定量的に算出することはできないが、資本主義経済が浸透し他給依存性が深化した後に比べると、大掴みには、多くの農業経営では自給志向に重きが置かれており、収益志向は伏在するにとどまっていたと考えられる。

　そして、やがて、資本主義経済が発展し、都市や非農業部門が成長することで農産物市場が拡大した。それへのアクセス可能性も輸送手段や保蔵手段の発達により拡大し、農業経営における収益獲得の可能性が広がった。加えて、農業機械、化学肥料、農薬、各種施設や資材等の利用が始まり拡大するが、これら生産手段は重化学工業や機械工業などによって供給されるものであり、農業経営によっては自給し得ず、他給依存性の深化に繋がった。さらに、耐久消費財、自動車、スマートフォンなど、自給不可能な生活手段に頼るところが大きくなり、ここでも他給依存性が深化した。農業経営の専門化に伴い、食料等の自給割合が低下し、購入に頼る部分が増加した。以上のようなことにより現金収入が必要となり、農業経営において収益の追求が前面に現れてきた。収益志向が顕現したのである。

　もちろん、ここでも他産業への兼業や副業、出稼ぎなどの所得獲得機会は存在しうる。日本でよく見られるとおりである。とはいえ、それも地域的な条件や経済発展の状況によっては、それへのアクセスが限定的なケースもある。確かに、すべての農業経営が収益追求をしているわけではなく、依然として自給志向のものも存在するが、しかし、ここでも定量化は

できないが、資本主義化が進行する以前の状況に比べると、大掴みには収益志向が強まっていると考えることができるであろう。

(3) 資本主義経済における農業の収益と生活

　農業は生命体である作物や家畜を扱う経済活動であるがゆえに、自然の条件、季節のリズム、生命のリズム、土地の条件に左右されるところが他の産業に比べて大きい。場合によっては人為をもってしては乗り越え不可能な制約条件に見舞われたり、乗り越え可能であったとしても、多大な経済的コストがかかる場合がある。さらに、歴史的な規定性の大きさや家族経営が優勢であることも加わり、農業は、市場のロジックで動く資本主義経済の競争において他産業に比べて不利であり、市場システムになじみにくい側面を持っている。

　しかし、それでもなお企業的な農業経営は存在する。利潤を追求することを旨とする経営体であるがゆえに、当然ではあるが、そこでの収益の意義は、競争の中に置かれながら、それに打ち勝ち利潤を実現することにある。現代においては企業であっても社会の一員としての責任を担うべきとの認識が深まっており、環境保全や法律遵守なども求められているが、しかし、資本主義経済の中にある企業であれば、それが農業を事業内容とする場合であっても、まずは利潤を追求するものと考えられるであろう。

　それに対して家族経営であれば、利潤の実現というよりも、その家族の生活の成り立ちを目的としている。収益もまた、生活やそれを成り立たせるための経営に必要な他給依存物の購入や調達に充てる現金獲得のためである。とりわけ、現代は、経済的な分業が進んでいるだけではなく、農業そのものの専門化の傾向が家族経営でも生じているがゆえに、食料も含めて生活における他給依存性が深化しており、それに向けた支払いが不可欠となっている。また、生活の成り立ちを目的とする農業経営においても、機械、資材、ガソリン、肥料、種子などの調達のために支払いが必要である。たとえ利潤を追求するわけではなくとも他給依存性が深化しているこ

とから、ここでも収益を目指すことが必要になるのである。

　ただし、生活志向の農業経営であっても収益を目指せば、当然のことではあるが、市場との関連が生ずることになる。そして、そこで展開する競争や資本主義経済のロジックに巻き込まれることになる。収益の追求には市場競争にコミットしなければならない。価格やコスト、販売シェアや品質などいろいろな局面での競争がありうるが、いずれにせよ、不断の技術革新の中、諸主体間で展開する競争へと導かれ、やがては降りることができなくなる事態も起こりうる。競争の中での労働強化や債務負担、あるいは精神的な負担なども含めて、そうした圧迫が収益を追求することで発生し、かえって、生活や生命を掘り崩してしまうことも生じうる。収益の追求を強迫されるようなメカニズムが作動することで、生活の成り立ちが毀損される状況が出来することもありうる。収益の追求は必ずしも生活を圧迫するものではないし、貨幣は、物質的な豊かさをもたらしうるし、精神的な豊かさをも実現しうるツールである。しかし、資本主義経済において展開する競争の中で収益を追求することが、かえって生活を圧迫してしまうこともまた起こりうるのである。

　現実の世界で人間は、生命を維持していかなければならない。生活を成り立たせていかなければならない。掘り崩されてしまうままというわけにはいかない。対応や対抗の動きが必要であり、そうした動きは、実際に、本書で検討するオート＝ザルプ県を含め世界各地で出現している。収益追求に圧迫される生活を掬い上げようとする農業のあり方を志向する動きを検出することができるのである。それは、単なる伝統への回帰とは異なる形にて生活志向の農業を実現しようとするものである。社会や経済の現実に対応する形をとりつつの動きであり、そこでは、いわば、生活志向への回旋がされようとしているのである。

chapter II

オート=ザルプ県の
自然的特徴と歴史的背景

本章では、オート＝ザルプ県の自然的特徴と歴史的背景を押さえよう。自然的特徴として、山岳の優越、乾燥の卓越、激越な災害といった農業に関わる不利性を抱えていることを指摘でき、歴史的背景については、交易の結節点として経済的な繁栄を見せ、地域的な自律性を場合によってはかなりの程度実現していたところ、フランス王国による支配の漸次的拡大やフランス革命、資本主義経済の発展の中で周縁化していくことを指摘できる[1]。

1 オート＝ザルプ県の基本的情報

　オート＝ザルプ県の基本的な情報を確認しておこう。同県は、フランス南東部、アルプ山脈西端付近に位置し、東はイタリアと、西はドゥローム県と、北はイゼール県やサヴォワ県と、南はアルプ＝ドゥ＝オート＝プロヴァンス県と接している（巻頭の地図を参照）。

　県庁所在地はギャップで、県中部に位置する。フランスの首都パリからは直線距離にして約550km、北緯44度55分、東経6度7分に所在する。北海道稚内市とほぼ同緯度で、兵庫県明石市との時差は8時間（夏時間であれば7時間）である。他に、主要都市として、県東北部に位置し、副県庁所在地であるブリアンソンや県東部に位置するアンブランを挙げることができる。

　当県は、行政的には、プロヴァンス＝アルプ＝コート・ダジュール地域圏に属し、現在は2大郡、15小郡、162コミューンを擁する[2]。また、事柄の性質上、一定程度の相違や揺らぎはあるものの、行政的な区分とは別に歴史的地理的観点から、おおよそ10程度の地域に区分することができる[3]。

2 オート＝ザルプ県の自然的特徴

（1）自然の特徴

　当県の自然的特徴として、山岳の優越、乾燥の卓越、災害の激越性を挙げることができる。

　オート＝ザルプ県の約56万9,000haの領域のうち、3分の1が標高2,000mを超え、10分の1が2,500mを超えている[4]。高標高にして急峻な地形が特徴である。特に県東部で標高が高く、県内最高峰バール＝デ＝ゼクラン山（標高4,103m）[5]など3,000mを超える山嶺が居並ぶ。県西北部ならびに西部は、県東部に比べると標高は低いが、それでも標高2,500mを超える山岳が聳えている。ただし、山岳が卓越するオート＝ザルプ県にも、県南西部や中部、中北部には平地が存在する。しかし、概して狭小で、それほどの広がりを持っているわけではない[6]。

　このように山岳が優越する当県は、それにより、①気候が冷涼で、②傾斜地が卓越し、③積雪や降雪が多いなど、農業にとって不利な条件に見舞われている。①は、農作物の生育に不利になるし、②は、耕土流亡の要因となるとともに、機械やトラック等の導入前までは労働負担の増大や輸送の妨げとなり、また、その導入そのものへの支障となる。そして、③は、農作業や家畜の放牧を制約する条件となる[7]。

　当県の自然的特徴として、乾燥の卓越も挙げることができる。大部分が南アルプ[8]に属するオート＝ザルプ県では、一部の地域で西岸海洋性気候の影響が見られるが、県域の多くでは、緩和された形とされるも地中海性気候の影響を受けており、少雨と乾燥が著しい。当県の降水量は年間600mmから1,400mmほどで、春秋季に比較的多く、夏冬季には乏しい[9]。とりわけ夏季の乾燥は牧草生産に不利であるため、灌漑用水路が希求され、加えて果樹や野菜、場合によっては穀物にも求められることになる。その有無による生産力の相違は歴然としているが、整備には経済的コスト

の負担を要することになる[10]。

　また、当県では自然災害のリスクに多く晒されていることも特徴として指摘できる。特異に発達した渓流や急流河川は、春季の融雪時や夏季の暴風雨時に激越な土石流や洪水を発生させ、農地、財産、人命に被害をもたらす。それを防ぐには、堤防や堰堤、ダムの建設など、それなりの対応が必要になるが、同時に、相応の負担も必要になる。当県では霜害や雹害にも見舞われることが多く、それも含めて自然災害に晒されるところが大きく、よって農業への被害やリスクも大きくなっている。それへの対応コストが余儀なくされるだけでなく、そもそも、農業生産の不安定性や低位性が強いられることになる[11]。

(2) 農業に関わる不利性

　以上に挙げたオート＝ザルプ県の自然的特徴は、農業にとって不利な条件であるが、しかし、県内にはそれが相対化されている地域も存在する。例えば、県南西部や県中部では気候の面で相対的に恵まれるとともに、わずかながらとはいえ平地部が存在し、穀作や果樹生産において県内で見れば比較的有利な条件下にある[12]。それ以外の地域でも傾斜の向きによっては日照に恵まれるなど、農業にとって相対的に有利な箇所も存在する[13]。あるいは、高標高地に存在する放牧地は、その冷涼さがゆえにフランス南部プロヴァンス地方の熱暑を避ける家畜群の夏季移牧の受け入れが可能である。しかも、芳香を持つ独特の牧草が生育しているならば、それを生かす形での付加価値創出の可能性までもが孕まれている[14]。

　しかし、概して言えば、やはり当県の気候や地勢など、その自然的条件は農業にとって厳しい。例えば、初代オート＝ザルプ県知事を務めたボネールは、1801年の著作にて、当県の領域が岩場や氷河で覆われていること、多くの渓流や断崖に刻まれていること、領域の3分の2が山岳地であること、よって、農業に利用するには困難であること、しかも、気候は厳しく変化が大きく、農業者の努力が報われるとは限らないこと、土壌も深

くなく肥沃でもないこと、加えて、急流による水害に晒されていることなどを指摘し、厳しい自然条件下にある当県農業の脆弱性を示唆している[15]。

あるいは、1985年の山岳地域法による指定でもオート＝ザルプ県は全体が山岳ゾーンに分類されており、21世紀初頭においてもなお、当県について、山岳が起伏に富むこと、対照的に渓谷は狭小であること、広い領域でアクセスが困難であり、開発がされておらず、居住に乏しいこと、気候が山岳的地中海性で乾燥に見舞われ、時に強降雨があり、降雪も見られること、オート＝ザルプ県の全コミューンが水害、雪崩、落岩、地滑りといった多くの自然災害に晒されていることが指摘されている[16]。

このような自然条件の不利性は資本主義経済や市場競争の中でも、もちろん効いてくる。I章でも触れたように、まずもって、生命のリズムや季節のリズムなどに規定される農業は、そもそも資本主義経済の原理になじみにくいところ、その自然条件の不利性により、当県農業においては市場競争になじみにくい性格が輻輳的に顕現する。このような条件不利を克服しようとしても人為的にはそもそも不可能であったり、たとえ、それが可能であったとしても労力やコストがのしかかることになる。労力やコストが余分にかかるのであれば、それを免れている条件有利地との競争は不利に決まっている。このような不可能性やコストに鑑みるに、市場における競争は当県農業にとってフィックスト・ゲームのごとく立ち現れることになる。そこでの収益の実現は不可能ではないかもしれないが、概してそれには向かない。そのような自然条件の下に当県農業は置かれているのである。

3 オート＝ザルプ県の歴史的背景

(1) 交易の結節点から周縁へ

農業は社会や経済の中でなされる活動であるが、それら社会や経済はい

ずれも固定的な与件として存在するのではなく、人々が織りなす関係性の中から歴史的に形成されてきたものである。そうしたことはオート＝ザルプ県でも同様で、少なくともその領域には1万年以上にわたり人々が連綿として生活を営んでおり、それは現在にまで至っている[17]。

　山岳地は孤立しており、周りとは隔絶しているイメージがあるが、現在のオート＝ザルプ県に相当する領域には、すでに先史時代より他との交易が行われていた痕跡が残されている。ローマの時代の頃にも街道の整備などにより、イタリア、スペイン、ローヌ河流域、ガリア南部、地中海などを結ぶ交易路との繋がりを持っていた[18]。

　中世には、ブリアンソンが国際的な交易の結節点としての地位を確立し、家畜、塩、羊毛、周辺地域の各種産物などの取引の場として、経済的な繁栄を見せていた[19]。ギャップやアンブランなども一定の経済的繁栄を見せており、それを背景にした封建領主との交渉により、一定の自由や権利を住民共同体が獲得していた[20]。現在ではフランス領となっているブリアンソネ地域、ケラ地域に加えて、イタリア領に編入されているウークス地域、プラジェラート地域（ヴァルクリュゾン地域）、カステル＝デルフィーノ地域の住民共同体は、それぞれエスカルトンなる共同体を形成しつつ、その5つがブリアンソンを中心に大エスカルトンなる政治体を構成し、これら地域を支配していたドーファン＝ドゥ＝ヴィエノワ家最後の当主アンベール2世と1343年5月29日に協約を締結し、その特許状により広範な自律性を獲得した。財政的な苦境に陥っていたアンベール2世は、この協約により、大エスカルトンからまずは1万2,000flを、そして、毎年4,000flを受け取ることになり、その代わり、大エスカルトンに、封建的諸特権や領主制の廃止、貢租等負担の免除、裁判権や会議開催の自由など多くの権利を認めたのである。1349年にアンベール2世は、その支配地の支配権をフランス王国に譲るが、その後も大エスカルトンの制度と自律性は引き続き認められた[21]。

　とはいえ、フランス王国に併合された後、現在のオート＝ザルプ県に相

14

Ⅱ　オート=ザルプ県の自然的特徴と歴史的背景

当する地域には、中央集権的な影響と圧力とが漸次的に浸透していった。とりわけ、スペイン継承戦争を受けたユトレヒト条約により、付近にイタリアとの国境線が引かれてしまい、当県に相当する領域はフランス王国の周縁部へと相成った。ブリアンソンは交易の結節点の地位からはずれ、軍事的な拠点へと位置付けが変化した。それに加えて、以前より繰り返される伝染病や戦争の影響も相まって、経済的な後退を見せるに至った。こうした漸次的な周縁化が進行しつつある中で、1789年にフランス革命を迎えるのである[22]。

(2) 資本主義経済発展の中のオート=ザルプ県

　1789年のフランス革命はオート=ザルプ県に相当する領域では冷静に受け止められた。しかし、それまでに認められていたエスカルトンの自律性は認められなかった[23]。画一的な中央集権志向を持つフランス革命が地域の自律性を廃したのである。1790年末にはオート=ザルプ県が成立し、若干の調整を経た後に、1810年に3つの大郡、24の小郡、189のコミューンが当県に属することになった[24]。

　19世紀以降、フランスでは資本主義経済が緩慢ながらも発展するが、そうした中で当県の周縁化は引き続き進行した。国境地帯と相成ったがゆえに交易から軸足を変えざるを得ない状況に追い込まれるも、産業の発展は限界を見せていた。石炭業、鉱山業、石灰業、麻や絹など繊維産業、陶業、皮革業などが見られ、1863年にはブリアンソンで絹業工場が操業を始めるなどしたが、基本的には微弱なままであった[25]。

　人口は19世紀前半には増加し、過剰傾向が見られるまでになったが、農業の技術革新はあまり進まず、小規模な伝統的複合経営が広範に残存した。1840年代後半になると人口が県外へと流出し減少傾向を見せた。19世紀後半になると貿易自由化の影響や全国市場への包摂により、競争における本県の条件不利性がより一層効いてくるフィックスト・ゲーム性が顕在化してきた[26]。

1875年にはギャップまで、1883年には県東部エグリエまで、そして1884年にはブリアンソンまで漸く鉄道が開通するが、他地域には遅れをとり、しかもイタリアとの国境近くという立地条件により行き止まりの形での開通であった。鉄道の建設工事により一時的に人口が流入したが、それが終了するや再び減少へと転じた[27]。

それでも、19世紀末頃からはオート＝ザルプ県でも都市の基盤整備の動きが始まった。照明電化が1896年より県西部セールにて、1901年には最初の家庭用のものとしてギャップにて、1918年から1925年には県西部ビュエッシュ川流域にて進められた。電話は、1899年からセールにて、1901年からはギャップにて整備が始まり、水道、下水道、学校、住宅などの整備も進められた[28]。

産業としては、県東北部セルヴィエールのポン＝バルディ発電所（1896年）など、当県に豊富に存在する落流や水流を生かした水力発電所が建設された。また、ブリアンソンにレトゥリー・ブリアンソネーズ社の乳業工場、県東部ラルジャンティエールにアルミニウム工場、ギャップにネスレ社の乳業工場が建設された。湯治場、保養場としてのニーズやアルピニズムなど観光業の萌芽も生まれた。しかし、炭鉱や鉱山の閉山、あるいは伝統的手工業の衰退が進み、県人口は基本的には減少傾向を見せた[29]。

第2次世界大戦後、オート＝ザルプ県の経済、社会、生活は大きく変化した。国土に甚大な被害を受けたフランスは、戦後、アメリカの援助を受けながら経済の復興を目指し、1948年には戦前の生産水準を回復するに至った。その後、経済成長の動きに繋がり、1973年のオイルショックの頃までそれが続いた。この中で新たな中間層が登場し、大衆消費社会が確立した[30]。

そして、その間にオート＝ザルプ県では、農業において経営規模が拡大し、トラクタが導入されるなど近代化が進んだ。しかし、経営数は減少した[31]。電力開発であるとともに、観光資源としても利用されるセール＝ポンソン・ダムが建設されるも、製造業の展開は概して弱く、鉱山業はほと

んど消滅した。それに対して、アルピニズムやウインタースポーツ、ある
いは歴史人文的ツーリズムなど観光業が発展し、ホテルやレストランが増
加した。商業・サービス業では、独立商店が後退し、定期市は減少した
が、かわりにチェーンなどによる大規模流通が展開し、都市を中心にセル
フサービスが浸透した[32]。

　県の人口は観光業の発展などにより増加した。都市が拡大し、施設整備
が進んだ。それに対して農村人口は減少を続け、その比率は1968年に50%
を切る。しかし、1970年代からは農村再生の動きにより増加に転ずる。と
はいえ、農業経営数は現在に至るまで減少を続けている[33]。

(3)　オート＝ザルプ県の現状

　県の人口は2020年に14万605人を数える。人口密度は1km²当たり25.3人
である。ギャップの人口は4万111人で、ブリアンソンの人口は1万780人
である[34]。

　オート＝ザルプ県では、製造業の展開は依然として微弱であり、就業人
口の5.1%を占めるに過ぎない。地理学者ムースティエによると事業体は
614が存在するのみで、しかも、そのうち52%が雇用を受け入れておらず、
42%が1人から9人を雇用するにとどまる。ほとんどが小規模なものであ
る。製材・木製品製造業、再生可能エネルギー関連業、食品産業、電子工
業、飛行場関連業が主要とされる。建設業も一定の比重を占め、セール＝
ポンソン・ダムなど水力発電業も見られる[35]。

　商業・サービス業は、同じくムースティエによると、就業人口の82.6%
を占めており、比重が大きい。観光業の展開によるところで、ウインター
スポーツ、スカイスポーツ、アルピニズム、歴史文化などに関わる観光施
設や拠点が存在し、それに関連して宿泊施設やレストラン、別荘などが整
備されている。とはいえ、61%の事業体は雇用を入れておらず、33%は10
人に満たない雇用しか受け入れていない。大規模商業施設など一定の規模
を持つ事業体も存在するが、ほとんどが製造業と同様に小規模なものであ

る[36]。

　そして、農業は、20世紀後半より、畜産や果樹生産が一定の展開を見せてはいるものの、山岳地の条件不利性に規定されていることや、アグリビジネスへの依存深化などの影響も相まって厳しい状況に置かれている。確かに、1970年代以降、山岳地や条件不利地の農業への政策的対応が拡大するなど、変化の動きを検出できないわけではないが、しかし、新自由主義的グローバリズムの波や農業における長経路流通への包摂の流れなど、農業にとって厳しい状況は続いている。後に見よう。

（4）小括

　山岳地は周りから孤立し、隔絶した地域とのイメージがあるが、オート=ザルプ県に相当する領域は、中世において交易の結節点を擁することで、経済的な繁栄とそれを背景にした自律性の獲得を実現するなどしていた。しかし、フランス王国への併合の後、漸次的な中央集権化の進展の中で周縁化の道を歩むことを余儀なくされ、商業活動の後退、経済的な縮小、人口の減少を目の当たりにしてきた。確かに、20世紀後半以降には観光業の発展やセカンドハウスとしての田園回帰の動きもあり、人口は増加に転じた。が、しかし、産業活動は活発とは言い難く、農業も厳しい状況に置かれ続けている。

　もちろん、生活の状況は近代化以前に比べれば、大いに改善されている。各種食品や家電製品、耐久消費財、車、パーソナルコンピューター、スマートフォンなどが普及し物質的な豊かさが実現している。実際にはいろいろな問題を抱えているであろうとはいえ、教育、医療、各種サービスも実現している。ただし、これらは、一般の生活者や消費者には、もはや自給できるものではない。オート=ザルプ県に限ったことではないが、人々の生活において他給依存性が深化しているのである。それは農業者であっても同様で、それでも日常の食生活において自給可能な部分は存在するであろうが、しかし、やはり、それも一部にとどまる。よって、彼らに

おいても現代の社会や経済の中で生活するためには何らかの形で貨幣が必要となる。その獲得は兼業や副業によることもできるが、農業経営によるとすれば、生産物を販売し収益を上げなければならない。しかし、オート=ザルプ県では、不利な自然的条件下に置かれているがゆえにフィックスト・ゲームの如き競争に晒されながらのことになる。

　確かに、例えば、条件不利地を対象とした政策が実施されてはいるが、しかし、それは、必ずしもオールマイティーに問題を解決できているわけではない。結局のところ、フィックスト・ゲーム的な市場競争のロジックに回収されてしまうのか、それとも、そうしたロジックへの対応や対抗の中から可能性を創り出していくのか、その方向性を見定める前に、現在に至るまでの歴史的経緯や変遷を振り返り、経営と生活において他給依存性が深化していく中でオート=ザルプ県の農業がどのように変化してきたのか、次章以降、検討しよう。

●注
1 ）オート＝ザルプ県に関する基本文献としてChauvet et Pons（1975）, Besson-Lecrinier et al.（2009）を挙げることができる。あわせて、伊丹（2011）、11-15、20-25頁、伊丹（2020）、18-25、30-37頁、ならびに、そこに掲げた文献もある。オート＝ザルプ県の自然はChauvet et Pons（1975）, pp.13-159, Moustier（2009b）で、歴史については、Chauvet et Pons（1975）, pp.161-380, Besson-Lecrinier（2009）で基本的な情報を得ることができる。
2 ）INSEE（SI）①, ⑤を参照。なお、地域圏は複数の県からなる地方行政区画である。コミューンは日本の市町村に相当する。
3 ）伊丹（2011）、21-22頁を参照。あわせて、Chauvet et Pons（1975）, pp.155-159, Chauvet（1995）, p.93, Brun（1995）に収録されているCarte des communes（fond oro-hydrographique）, Besson-Lecrinier et al.（2009）, p.2を参照。
4 ）Chauvet et Pons（1975）, p.17.
5 ）なお、県内最低標高地点は、県南西部、ビュエッシュ川とデュランス川がアルプ＝ドゥ＝オート＝プロヴァンス県へと流下してすぐ合流する地点のやや上流部、リビエ・コミューン内に位置する。その標高は460mであるので、県内最

高標高地点との差は3,643mにも及ぶ。

　こうした大きな標高差について、例えば、19世紀の当県地理に関わる書物にて、ジョアンヌが「ペルヴー山塊の氷河において永遠の冬が支配しているところ、デュランス川とビュエッシュ川の近づく地点ではオリーブが栽培されている」と指摘していたり（Joanne（1882）, p.25）、同じく19世紀にオート＝ザルプ県知事を務めたラドゥーセットが、播種の時期や穀物の成熟において標高100mにつき５日の差異が生まれるとしつつ、「標高600mのリビエではすでに収穫をしているその時期に、標高2,061mのサン＝ヴェランではライムギがようやく雪中より顕れ、点々に成長を始める」と述べているぐらいである（Ladoucette（1848）, p.6）。

６）オート＝ザルプ県の高標高性や地形はChauvet et Pons（1975）, pp.17-27, Moustier（2009b）, pp.211-225を参照。

７）当県の冷涼気候についてChauvet et Pons（1975）, pp.59-60, 64, 傾斜地の卓越はChauvet et Pons（1975）, p.15, 耕土流亡への対策については、本書III章32頁と同章注24に挙げた文献、積雪や降雪はChauvet et Pons（1975）, pp.76-87を参照。

８）フランス・アルプは気候や地形の特徴により南北に大きく２分され、北アルプは概して降水、降雪が多く気候が湿潤であるが、それに対して、南アルプは乾燥が卓越し、日照に恵まれている。そして、オート＝ザルプ県の大半は南アルプに属するが、ただし、県東北部ラ＝グラーヴ小郡や、県中北部シャンソール地域、ヴァルゴドゥマール地域は北アルプに属する（アルプ地方の南北の区分や特徴はBlanchard（1925）を参照。県内の南北アルプの境界はChauvet et Pons（1975）, p.8のfig.1を参照）。

９）オート＝ザルプ県の気候の乾燥や降水はChauvet et Pons（1975）, pp.67-76, Moustier（2009b）, pp.228-230を参照。

10）19世紀を対象としたものになるが、オート＝ザルプ県の灌漑に関しては、とりあえず、伊丹（2011）、113-135頁を参照。

11）19世紀を対象としたものになるが、オート＝ザルプ県の堤防、堰堤、水制などに関しては、とりあえず、伊丹（2011）、27-49頁を参照。

12）こうした地域に関しては、とりあえずMoustier（2009b）, pp.216-217を参照。

13）山岳が卓越するがゆえにオート＝ザルプ県では、傾斜の向きにより日照量に相違が生じ、ひいては農業生産や居住の有無など生活にまで影響を及ぼしている。とりあえず、Chauvet et Pons（1975）, pp.56-57を参照。

14）19世紀を対象としたものになるが、オート＝ザルプ県の放牧地について、とりあえず、伊丹（2020）、21-24, 35-36頁を参照。

15）Bonnaire（1801）, pp.1-2

II　オート＝ザルプ県の自然的特徴と歴史的背景

16) Direction régionale de l'alimentation, de l'agriculture et de la forêt (2010), p.8. なお、山岳地域法は、山岳地域の発展、整備、保護に関して特別の政策が必要として制定されたものである。「差異性の考慮への権利」を具体化しつつ、山岳地住民による「自立発展」を求めながらも、他地域との所得の均衡、生活条件の均衡を達成するための措置や、「国家的連帯」と表現される国家的財政支援をしようとするものである（詳しくは是永 (1998)、223-239頁を参照）。

17) 現在のオート＝ザルプ県に相当する領域における人類の痕跡は、氷河が後退した頃、現在より約1万5,000年前から約1万年前にまで遡ることができる（Besson-Lecrinier (2009), p.9）。

18) この期間の動きはBesson-Lecrinier (2009), pp.10-14をとりあえず参照。

19) 中世におけるブリアンソンの経済的繁栄はSclafert (1926), pp.621-651を参照。

20) Meizel (1927), pp.62-66, Guiter (1948), pp.165, 168, Chauvet et Pons (1975), pp.179-180を参照。

21) エスカルトンの成立の背景や、獲得した特権、制度、展開、終焉、特徴についてSclafert (1926), pp.651-654, Meizel (1927), pp.68-71, Guiter (1948), pp.165-166, Blanchard (1950), pp.787-791, Chauvet et Pons (1975), pp.180-181, Vivier (1992), pp.37-46, Vivier (2002), Besson-Lecrinier (2009), p.26, Boutaric (2014), Fine (2015) などを参照。

22) この期間の動きはBesson-Lecrinier (2009), pp.27-52をとりあえず参照。

23) Besson-Lecrinier (2009), p.52.

24) Brun (1995), pp.13-21.

25) Chauvet et Pons (1975), pp.279-282.

26) この時期の人口の動向はChauvet et Pons (1975), pp.381-385, Brun (1995), pp.32-34を参照。この時期の農業の動向はとりあえずChauvet et Pons (1975), pp.272-277を参照。あわせて、伊丹 (2011)、12-15, 22-25頁および、そこで参照している文献を参照。また、オート＝ザルプ県の条件不利によるフィックスト・ゲーム性は、製酪組合を対象に伊丹 (2022) で論じている。

27) Chauvet et Pons (1975), pp.333, 337.

28) Chauvet et Pons (1975), pp.335-336.

29) この時期の産業の動向はChauvet et Pons (1975), pp.346-352. 観光業などはBesson-Lecrinier (2009), pp.66-69. 県人口はBrun (1995), p.33.

30) 長部 (1995)、336頁、福井 (1995)、471-485頁、小田中 (2018)、51, 75-83頁を参照。

31) この時期の農業についてとりあえずChauvet et Pons (1975), pp.445-525を参照。

32）この時期の水力発電についてChauvet et Pons（1975），pp.545-554，産業の動向についてChauvet et Pons（1975），pp.555-568，観光業についてChauvet et Pons（1975），pp.581-651，商業についてChauvet et Pons（1975），pp.574-577を参照。

33）Brun（1995），p.33，Moustier（2009a），p.268．農業経営数の減少は本書VI章118頁も参照。

34）INSEE（SI）②，③，④を参照。

35）Moustier（2009a），pp.284-286．

36）Moustier（2009a），pp.287-294．

近代化の胎動以前の農業における収益志向の伏在

農業の近代化の胎動は、オート＝ザルプ県では20世紀前半頃から見られるが、それ以前には、主として穀物やジャガイモなど食用作物の栽培とヒツジやウシなど家畜の飼育からなる複合経営が広く見られた。栽培牧草など新作物の導入がされ、輪作体系にも変化が生じつつあったが、鉱物肥料や農業機械など先進的な技術はほとんど利用されることがなく、主として人力や畜力に頼る経営であった。こうした経営では主に家族成員の生命や生活の維持に向けた自給農畜産物の生産がされていたが、塩など他給依存的必要品の購入や、土地あるいは家畜等の購入に充てるべき現金の獲得を目的とした販売活動もされていた。現金収入源として兼業や出稼ぎの役割は大きかったが、同時に、農業経営にもその獲得の契機は存在しており、それに接続する形で収益志向が伏在していた。そこで、本章では、近代化の胎動以前の19世紀におけるオート＝ザルプ県の農業の状況を見た上で、その収益志向や限界について見よう。

1 農業の概要

　19世紀前半にオート＝ザルプ県では農村部に多くの人口が滞留していた。県全体の人口は1846年に13万3,100人を数え、この頃にピークを迎えるが、農村人口は、そのうち90％ほどを占めていた。その後、19世紀後半の一時期を除いて、県全体の人口も農村人口も減少傾向を見せたが、後者の比率は依然として90％近くを維持し続けていた。よって、都市の人口は寡少であり、例えば、県庁所在地ギャップは1841年に8,599人を数えるに過ぎなかった[1]。

　オート＝ザルプ県の農業は、当時、穀作と畜産の複合経営が主であった[2]。1852年農業統計によりオート＝ザルプ県の土地利用を見ると（表III-1を参照）、そもそも本統計における県域面積55万8,961haのうち、放牧地・ヒース地等や森林・荒蕪地等といった生産力が低かったり、あるいは農業や畜産の利用が制限されていたり禁止されていた土地があわせて39万

24

III　近代化の胎動以前の農業における収益志向の伏在

表III-1　オート＝ザルプ県の土地の地目別分布（1852年）

地目	面積（ha）	割合（%）
耕地	92,108	16.48
自然草地	63,990	11.45
ブドウ畑	5,188	0.93
果樹・採油樹	1,908	0.34
放牧地・ヒース地等	196,646	35.18
森林・荒蕪地等	199,121	35.62
合計	558,961	100.00

出典：Ministre de l'agriculture, du commerce et des travaux publics（1858）, p.248より作成。

表III-2　オート＝ザルプ県の耕地の作目別分布（1852年）

作目	面積（ha）	割合（%）
穀物	45,045	48.90
根菜類・野菜・マメ類	3,727	4.05
油糧作物・工芸作物等	675	0.73
栽培牧草	8,709	9.46
休閑	33,952	36.86
合計	92,108	100.00

出典：Ministre de l'agriculture, du commerce et des travaux publics（1858）, p.248より作成。

5,767haをも占めており（県域面積の70.80％）、農業用に使える土地は限定的であった。耕地面積は9万2,108haで、自然草地（家畜用の干草の生産のために牧草を収穫し、その後、放牧に供することもあった）の面積は6万3,990ha、ブドウ畑は5,188ha、果樹・採油樹は1,908haであった。

1852年農業統計により耕地の作目別分布を見ると（表III-2を参照）、穀物が48.90％を占めるも、休閑地が36.86％をも占めていた。他はクローバーやセインフォインなどの栽培牧草、ジャガイモなど根菜類、野菜、マメ類、油糧作物、工芸作物等が見られた。以上には販売用の農産物も存在したが、自給用の農産物が大きな比重を占めていたと考えられる。

輪作体系は、2年輪作や3年輪作が実施されていたが、実際には、栽培牧草の導入による改良の動きや、標高などに応じたバリエーションが存在

表III-3　オート=ザルプ県の家畜の飼育頭数（1852年）

畜種	頭数
ウマ	5,161
ロバ	5,906
ラバ	8,153
ウシ	29,082
ヒツジ	283,368
ヤギ	21,053
ブタ	18,637

出典：Ministre de l'agriculture, du commerce et des travaux publics （1858）, pp.258, 259, 274, 291より作成。

した[3]。また、革命前よりすでに土地改良事業が進められており、流水客土や灌漑施設の建設、渓流や急流河川での堤防、堰堤、水制の整備が実施されていた。ただし、重農主義者が推進しようとした共同地の分割はオート=ザルプ県では進まなかった。対象となるべき共同地が住民らの家畜の放牧において重要な役割を果たしていたこともあるが、そもそも、その肥沃度が乏しいため、分割して耕地に転換しても生産力に期待がもてなかったり、対象共同地が集落から離れた場所にあるケースでは、そこにまで赴くことすら難儀であったためである[4]。

　次に畜産について見よう。1852年農業統計によるオート=ザルプ県の家畜飼育頭数を表III-3に示している。ヒツジが28万3,368頭、ウシが2万9,082頭で、当県では、これらの飼育が主要なものであった。ヒツジは羊毛や自給肥料の獲得が主たる目的であったが、1860年の英仏通商条約により当県の羊毛は海外産に押されるようになり後退した。ウシの飼育は、役畜としての利用と酪農が重要で、後者では牛乳を加工しチーズを製造するなど製酪がされていた。当県には広大な放牧地が存在しており、多くが共同地で、夏季にヒツジやウシなどが共同放牧されていた。生産力は低いものの、とりわけ高標高地に存在するものには、II章12頁で触れたように、芳香を持つ牧草を産するものがあり、その場合、それによる付加価値生産が期待できた。また、これも同じ個所で触れているが、山岳地に位置するが

ゆえの冷涼さにより、夏季に厳しい熱暑に見舞われるプロヴァンス地方からの移牧の受け入れも行われていた[5]。

当県の農業経営の特徴として小規模自作農が広範に存在していたことを指摘できる。大土地所有は少なく、しかも大規模経営は生産力の低い土地を多く抱えていたために、規模程の効率性を実現していたわけではなかった。小規模経営は必ずしも家族を養うに十分な規模を持っていたわけではなく、それに足りない過小農が多く存在していた。兼業や副業、出稼ぎが必要になるとともに、現金の必要から、あわせて販売用の生産がなされるケースも存在したと考えられる[6]。

2 販売向け生産の存在と限界

19世紀のオートザルプ県の農業では自給用の生産が大きな割合を占めていたと考えられるが、しかし、販売向けの生産も見られた。耕種部門では、例えば、アサやブドウにおいて、そして、畜産部門では羊毛生産や製酪において検出することができる。ただし、こうした販売向けの生産は広がりに欠けていたり、後退傾向を見せるものも存在した。

(1) アサの後退とブドウの限界

耕種部門における販売向けの作物として、アサを挙げることができる。県高官ファルノーの1811年に刊行された著作によると、広く農村部にて世帯用の栽培がされていたが、同時に、県中北部ヴァルゴドゥマール地域では、その地域が北風から守られる地形を持つことからアサの栽培に適しており、灌漑整備と施肥増加をともないつつ販売向けの生産がされていた。加えて県西部トゥレクレウー盆地でも同じく栽培が広がりを見せていた。とはいえ、大量の肥料を必要とするがゆえに、収益に見合わないと考え、他の作物を志向する農家も多く存在したともされている[7]。

実際、1866年に実施された農業アンケートにおいて、アン県所在のソー

ルセ学校長ロイエは、アサの栽培をもっぱら自給用のものとしている。適切な栽培には夏季に３回の灌漑が必要であるにもかかわらず、肝心の灌漑地が不足し、肥料不足もあいまって生産が減少するとともに、より低コストで上質のイゼール県産品に駆逐されたとのことである[8]。

ロイエは詳細な説明をしているわけではないが、あるいは人口流出のために灌漑施設の維持に向けるべき労働力が不足する事態になり、ひいてはアサの栽培が困難になったのかもしれない。もしくは、増大する肥料の必要について、当時、フランスにおいて導入されつつあった鉱物肥料によりカバーするべく、それを購入しようにも、輸送手段に隘路があり、また、入手不可能ではなくともそれなりの資金が必要となり、それとアサの栽培により期待できる収益とのバランスに欠く状況だったのかもしれない。さらにあるいは、収益を実現させるには、イゼール県産品との競争に打ち勝つ必要があるも、コスト面において太刀打ちできない状況が生じていたのかもしれない。いずれにせよ、つまるところ、収益の実現には、それへの志向が顕現するだけではなく、実際に市場競争に打ち勝つ結果が必要だったのである。

他に、ブドウの栽培でも販売の可能性を検出できる。ファルノーは、ブドウの栽培に大きな改善は見られず、確かに施肥量増大による伸長が見られるも、傾斜地における土壌運搬労働の負担や生産物と肥料の輸送コストまでをも計算に入れると、実際には必ずしも収益に見合っているわけではないとしている。ただし、同時にファルノーは当県のワインには可能性が孕まれているとも考えていた。プロヴァンス地方やピエモンテ地方のワインが粗野で繊細さに欠けるも、色味等により本県のものよりも山岳地の住民に広く求められているとしつつ、輸送業者による品質偽装の問題も指摘した上で、当県のワインは高名なものに劣ることはなく、ただ、欠けているのは販路だけであるとしているのである[9]。

地理学者ヴェレは、山岳デュランス中流地域（おおよそ、デュランス川流域のうち県南西部からアンブラン付近に至るまでの比較的平地部が広がる地域）

について、高標高地では18世紀にすでにブドウの栽培は後退していたものの、低標高地では一定の面積を占めており、シャンソール、ブリアンソネ、ユバイユなど栽培困難な近隣地域に販路を確保していたとしている[10]。ロイエもブドウ栽培の進展を指摘しており、改善の余地があるものの、ワインの風味や色味、質の保持、南部産との差別化には問題がなく、経済的に見合う輸送手段が欠けるも、鉄道の開通により解決するであろうとの見通しを示している[11]。

このように当県のブドウの栽培には収益獲得の可能性が孕まれており、輸送や販路の困難を解決できればその顕現がありえた。実際、21世紀の現在、一定の評価を受けるブドウ園が当県には存在する。しかし、19世紀後半より病害、虫害、過剰生産、市場競争の影響に見舞われてしまい、大きな流れとしてはやがて縮小傾向を示してしまうことになる[12]。

(2) 畜産における販売の契機

ヒツジは、例えば、ヴェレによると、山岳デュランス中流地域で最も一般的で収益が上がり、中でも羊毛の生産は19世紀半ばまでは最も大きな利益を上げる活動であった[13]。ただし、1860年の貿易自由化の影響や綿製品の利用の拡大、流行の変化、機械導入の影響で、その羊毛の価格は半分近くに低落した。カーディング後に紡毛する薄手ニット向けの短毛種のヒツジがオート=ザルプ県では飼育されていたところ、流行の変化により、コーミングして梳毛糸を製造し厚手ニットに使う長毛種の需要が拡大し、加えて、海外産の羊毛は棘状物の除去が必要とされるも、それを低コストで可能にする技術革新が進んだこともあり、さらには山岳地の荒廃問題への対応も相まって、当県の羊毛生産は後退傾向を見せたのである[14]。

それに対して肥育は、ギャップ周辺で商業的立地条件を生かした販売向けの動きが見られ、シャンソール地域でも収益性は劣るが同様の動きがあった。しかし、こうした動きは、これら立地に恵まれる一部の地域に限られ、特に輸送インフラの整備以前には小規模にとどまっていた。とはい

え、都市的な消費活動が拡大するとともに、それにアクセスできるような交通手段や輸送手段の改善があれば、収益志向が顕現する可能性がここにも孕まれていたのである[15]。

　なお、県西北部デヴォリュイ地域では飼料の確保と交通に難を抱えるがために依然として羊毛と肥料の獲得がヒツジの飼育の主目的とされ、ブリアンソネ地域では羊乳加工もされていた[16]。

　製酪は農家の女性にとって貴重な現金収入源であったところ、山岳地の荒廃問題と関連してヒツジの飼育からウシの飼育への転換が森林行政によって促され、それに付随して製酪組合の普及政策が実施された。そこでは、グリュイエール・チーズの製造が奨励されたが、ジュラ地方やスイスなど先進地との競争の中でフィックスト・ゲームの様相を呈してしまい、やがて後退することになる[17]。ウシの肥育も、市場価格が低いこともあり、それほど盛んにはならなかった[18]。

　他に、オート＝ザルプ県では収益を目的としたラバの育成もされていた。特に、シャンソール地域とケラ地域で見られた。月齢6か月のラバをフランス西部ポワトゥー地方より購入し、夏季に山岳放牧地や湿草地で放牧し、冬季には畜舎にて飼育し、月齢30か月で売却した。ラングドック地方、プロヴァンス地方やイタリアあるいはユダヤ人向けとされ、もしくはギャップ、アンブラン、ギエーストルにて荷車用に売却され、それにより432frから1,200frの収益が実現したとされている。ただし、ヴィヴィエは19世紀初頭までは重要であったが、その後、急速に後退したとしている[19]。

(3) 小括

　以上のように、近代化の胎動以前のオート＝ザルプ県の農業においても収益志向は伏在しており、条件が整えば、それが顕現する可能性も孕まれていた。ただし、輸送手段や交通手段の面で制約が大きく、よって、それが全面的に顕現するには、そうした面での改良が必要であった[20]。

3 農業技術の状況

19世紀におけるオート=ザルプ県の農業技術は伝統的な性格が色濃かった。流水客土や灌漑施設の整備、堤防の建設など土地改良事業は一定程度進められたが、農業機械や鉱物肥料はほとんど導入されず、資金面の制約により経営資本への投下は微弱であった。むしろ、他給依存性を回避するかのように、資本投下をできる限り節約しようとの志向が大きく働いていた。

(1) 肥料

19世紀においてオート=ザルプ県では鉱物肥料や化学肥料はほとんど利用されていなかった。堆肥や厩肥、あるいは緑肥や人糞尿などが利用されるも、全体的に不足していた。家畜は集落から離れた高標高放牧地に放牧されており、堆肥用に畜糞を採取するためには、そこにたどり着くだけで数時間もの傾斜道歩行が必要であり、採取した畜糞の運搬もあわせると多大な労力を要した。また、堆肥を製造するためには藁が必要とされるが、この藁も不足していた。広大とはいえ生産力の低い放牧地や採草地では家畜の飼料を十分に供給することができないため、藁もまた貴重な飼料として利用されており、加えて家屋などの屋根葺資材としても利用されていたために、堆肥製造に向けた利用には制約がかかったのである。さらにいえば、森林に乏しい高標高地に位置するラ=グラーヴ小郡では畜糞自体を燃料源として利用していたため、それを堆肥に利用することはますます困難であった[21]。

ロイエは、当県では、厩肥だけが肥料として存在するとしつつ、鉱物肥料や化学肥料、人造肥料は利用されていないこと、大きな面積の休閑を余儀なくされているのは、厩肥もまた十分ではないがゆえであること、にもかかわらず、その入念な収集の準備もされていないこと、統計によるとオート=ザルプ県の家畜数は最下位クラスであり、そこから厩肥もまた、そうした位置づけにとどまるであろうことを指摘している。そして、加え

て、ロイエは、ブリアンソネ地域について、それでも家畜頭数はより多く、より適切に飼養されているものの、コミューン有放牧地での放牧は5か月間に限られており、しかもその排泄物は半分しか厩肥として回収されていないと、その不十分な状況を指摘している[22]。

このような肥料をめぐる状況を批判した上で、ロイエは、その打開には効果的で安価な肥料による補完が必要としている。しかし、グアノの価格がギャップにて100kgにつき40fr、アンブランでは45fr、ブリアンソンでは48frにもなり、その利用は事実上不可能とされていた。代替品として、例えば、マルセイユから輸送されてくる搾りかすの利用が考え得たが、グアノに比べると肥効に乏しく大量利用を要するため輸送コストが大きく響くとされた[23]。そもそも肥料購入のためには資金が必要であったが、この時期、オート=ザルプ県の農業はそれにもこと欠いていた。

なお、傾斜を持つ耕地の肥沃度維持のためには、むしろ耕地下部に流亡した土壌を上部に復するテライエ（terraillées）と呼ばれる作業がされていた[24]。しかし、重機などが存在しない当時において、この作業の負担は非常に大きなものであった。当県農業に対する自然的条件不利が大きな制約となっていたのである。

(2) 農具と農業施設

まず、犂について見よう。農業の状況を把握するため、内務省農業関連部局より全国的な調査に関わる質問状が1812年に発せられており、それへの大郡長による回答を見ると、ブリアンソン大郡には1種類のシャリュー犂しか存在せず、アンブラン大郡ではアレール犂のみとされている[25]。1852年に実施された農業統計によると当県では無輪犂[26]は2万4,682台の存在を確認できるが、一輪犂[27]は1,291台、有輪犂[28]は391台にとどまる[29]。1866年農業アンケートでも、先進的とされていたドンバール犂[30]は限られた経営でしか導入されておらず、ほとんどがアレール犂を使用しているとロイエが指摘している[31]。

Ⅲ　近代化の胎動以前の農業における収益志向の伏在

　ただし、改良の動きは皆無ではなく、ファルノーは、簡素なアレール犂が利用されていたことを認めつつも、地主（propriétaires）が幾人もグルノーブル犂[32]を利用していたともしており、あわせて簡素軽量なギヨーム犂[33]や、県南部にて土壌運搬や除草のために利用される鋤の紹介もしている。とはいえ、ファルノーは、繋駕方法も含めてアレール犂からシャリュー犂への転換の必要性が認識されるも端緒に過ぎず、後に見るように費用や他給依存性がその障害になっていると窺える指摘をしている[34]。資金があれば普及の可能性が膨らむが、当時はそれを欠いており、この点、グアノの導入が進まなかった事情と重なるところがある。

　収穫は、ロイエによると半月鎌がいまだに利用される状況で[35]、脱穀は、1852年農業統計によると蒸気力を利用する脱穀機は存在せず、畜力によるものですら2台があるに過ぎず、人力で穀竿を打ち付けたり、家畜に踏ませるなどしていた。除草機は1852年農業統計によると1,012台を数える。荷車は、より簡素な2輪のものは3,492台が存在したが、4輪のものは36台にとどまっていた[36]。

　農業施設は、ファルノーによると、その整備が始まったところで、家屋を新築したり修繕した者が、規模の拡大、換気の改善、排水や水道管の整備を実施したり、厩舎や納屋を広く取ったり、家畜小屋を別に設置するなどの改良を実施していた。以前は、人間と家畜が同じ生活空間にあったため、適切な衛生環境に欠けていたところ、そうした点での改善が進みつつあったとされている[37]。

(3) 畜産技術の状況

　オート＝ザルプ県ではヒツジにおいては改良が見られたが、ウマやウシでは改善の余地が指摘されていた[38]。管理の面でも、夏季の放牧は基本的に粗放的で、冬季の舎飼いは飼料の制約によりそれ自体が稀であり、たとえ、それがされたとしても、畜舎それ自体は十分に整備されてはいなかった。1866年農業アンケートで医師兼薬剤師テュランが、畜舎は適切に設置

33

されておらず、床は外の地面よりも低く、屎尿が流れないため非常に湿気が多く、家畜はリューマチにかかり、もし、逆に、畜舎の床がより高く、窓や煙突が空気の流れを確保していれば、こうした弊害は生じなかったであろうと指摘しつつ、畜舎の温度がより高いため、農民はこうした構造に執着しているとのことであり、助言を多く受けても改善しないし、しかも、先行事例がいくつかあり、そこでは満足がされているにもかかわらずのことであると批判をしている[39]。

　飼料も干草は十分ではなく、場合によっては藁を混ぜて与えていた。加えて、雌ウシは、春に役畜として耕起作業に利用されていることや、長い冬の間、上記のような湿度の高い畜舎で過ごすことにより、生産性は低位にとどまった[40]。獣医技術は、ファルノーによると農村住民の間には普及しておらず、行政により配置された獣医技師よりも、科学的な知識ではなく経験知に頼る者が信頼される始末であった[41]。

(4) 資本投入の微弱性と他給依存回避の傾向

　19世紀に当県では農業協会などが設立されたり、ギャップ模範農場、サニエール農場学校が創設され、ドンバール犂の導入なども試みられたが、活動は間歇的であった。あるいは、県や地方レベルでの農業共進会が1850年代以降開催されるなど、組織的に技術発展の促進を図ろうとする動きも存在した[42]が、しかし、これまでに見てきたように当県における農業技術は基本的にはプリミティブな性格が色濃く残存するものであった。

　その背景として技術革新への資本投入の微弱性を指摘できる。例えば、ロイエは、当県の農業経営においては、資本形成が困難なだけではなく、資金を持つ者がむしろ動産投資を志向するがゆえに、土地抵当による資本調達すらもが困難であるとしている。また、そもそも、当時の農業者が資金調達をしたとしても、それは以前の借り入れの返済や生活の必要を補完するためで、それを技術革新に投ずる動きは微弱であった。あるいは、当県の抱える自然的条件不利を勘案するに、コストをかけた先進的技術の導

入によってもなお、条件有利地に比べ生産性が十分に拡大せず、収益向上に限界があるのであれば、経営資本への投入を抑制するのが、合理的であったとも考えられよう。実際、先見ある農業者は借り入れを避けるのが通例であるとロイエが指摘しているぐらいである[43]。要するに、この時期、当県では、資金を投入してまでも農業経営を進化させ充実させるよりも、伝来技術に依拠しようとする傾向が色濃かったのである。

　そして、関連して当県の農業技術には他給依存を回避しようとする傾向を検出することができる。ファルノーは、当時、利用されていた犂が非常に簡便なものであったがゆえに、農業者自らが組み立てるなどしており、確かに、犂先はやむを得ないとしても、それ以外の関連費用の支出はない状況であったことを指摘した上で、最新型の犂は車大工の手を借りねばならないため、その導入が進まないとの指摘をしている[44]。従前の犂であれば組み立てから維持管理まで、ほとんど農業者自らにより実施可能であったところ、先進的な犂を導入しようとすると車大工のスキルに頼る必要が生じてしまうため、あるいは支出の回避をしえず、その他給依存性が普及のネックになってしまうとの指摘と窺えよう。そして、その指摘を敷衍すれば、他給依存の最たるものともいえる農業機械がほとんど普及しないのも宜なるかなである。肥料もまた鉱物肥料や化学肥料の利用は少なく、堆肥や厩肥など自給によるものが利用され、家畜の飼料も、共同地での放牧に依拠しつつ、干草など自給物が利用されており、これらにおいても他給依存は大きくはなかったのである。

4 収益志向の伏在と顕現の潜在的可能性

（1）他給依存の存在と収入の必要

　近代化の胎動以前のオート＝ザルプ県では、正確に定量化することはできないが、農業生産でも生活でも他給依存性は小さかったと考えられる。

しかし、それでも、すでに見たように、まず、農業生産に関しては、犂先は自給ではどうしてもカバーしきれず、他給依存部分が存在し、また、生活に関しても他給依存性から免れてしまうことはできなかった。確かに、例えば、森林水理視察官のビュフォーは、ブリアンソネ地域の山岳住民について20世紀初頭であってもなお食料や生活必需品は、布用のアサを除いてすべて、各渓谷、各集落で生産していたとしている[45]。交通インフラの未整備により物資の輸送に難を抱えていたために、食料等を自給する必要に迫られるとともに、生産物出荷においても不便宜であるがゆえに販売用の生産を抑制してしまう事情も存在した[46]。

　ただし、たとえ、ビュフォーがそのように指摘しているとしても、実際には、生活の中においても、例えば、塩などの必需品で自給できないものは存在する。租税の支払いもあるし、医療費などもありうる。さらには家族を養うに十分な土地を持たない過小農であれば補完としての食料を購入する必要が出てくる。当時であっても収入の必要がなくなるわけではなかったのである。

　さらには、土地や家畜の購入、あるいは相続発生時に農地の分割を回避するため補償金を支払う場合にも収入の必要が生じた。

　土地は、農村人口が過剰なまでに存在しながら、耕地や自然草地などには乏しい当県ではその所有をめぐる競争は激しく、それが地価に反映していた。1866年農業アンケートでロイエは、耕地の価格がha当たり2,500fr、ブドウ畑と灌漑草地が4,000frとしつつ、地価はかなり高いとしている。とはいえ、同時に30年の間に地価が10％から12％低下しているとのことであり、ブリアンソン大郡では、資本不足、賃金上昇、租税負担の増加に加え、大きな人口流出により、3分の1もの価格低下が生じているともされている。しかし、それでもシャンソール地域では地価が維持されているとのことである[47]。いずれにせよ、土地を購入するにあたっては、やはり、まとまった現金が必要であったことには変わりがない。

　相続は、これも1866年農業アンケートでロイエが、ブリアンソン大郡で

III　近代化の胎動以前の農業における収益志向の伏在

は現物分割相続がされていたとしており、よって、ファミリーサイクルの中でその規模を回復する必要が生じた場合、土地を取得することが必要となる。土地市場に参入して購入するとすれば、ここで、それなりの現金を要することになる。また、ギャップ大郡やアンブラン大郡についてロイエは一括承継相続がされていたと指摘しているが、その場合には、土地等不動産を一括して承継した相続人に共同相続人への相続分支払い義務が発生し、その債務履行のためには同じくそれなりの現金が必要となる。もちろん、それ以外の事由であっても農業経営の規模を拡大しようとすれば、借地市場の狭隘性も相まって土地の取得を目指すことになるが、要するに、ここでも現金の必要が生じてくる[48]。

　家畜は、当時、オート＝ザルプ県において冬季の飼料の確保が困難であったため、その間には一握りの頭数しか飼育することができなかった。よって、その多くは春に購入されるも、秋には売却されてしまうというサイクルに乗せられていた。従って、上手くいけば農家は購入代金と販売価格との差から利益を得ることができるが、上手くいかなければ逆ザヤが生ずる。そして、1866年農業アンケートの県調査委員会によると去勢ウシが210frの赤字、ウマが120frの赤字となるなど、ほとんどの畜種で黒字を実現できてはいなかった（表III-4を参照）[49]。が、いずれにせよ、家畜の購入

表III-4　オート＝ザルプ県における家畜の価格と収益（単位：fr）

畜種	購入価格	肥育費用	飼育費用	生産費価格	販売価格	収益
ウマ	300	0	200	500	380	−120
ラバ	300	0	150	450	400	−50
ロバ	140	0	100	240	140	−100
去勢ウシ	250	60	200	510	300	−210
雌ウシ	150	0	80	230	130	−100
子ウシ	20	8	0	28	30	2
去勢ヒツジ	20	5	7	32	30	−2
ブタ	20	55	0	75	80	5

出典：Ministère de l'agriculture, du commerce et des travaux publics（1867）, p.103より作成。

には、やはり何らかの形で支払いが必要となった。

(2) 兼業・副業・出稼ぎの存在

この様に農業生産においても生活においても、仮に、できうる限りの他給依存を回避する行動を当時の農業者が取ったとしても、それでもやはり収入の必要から完全に免れてしまうことはできなかったと考えられる。そして、この収入の獲得において先に見た販売向けの農業生産の役割を指摘することができるが、しかし、そこにはまた限界も孕まれていた。農業総評議会通信員であるフォール=エネは、農家の収入源として、出稼ぎ等以外に、家畜、バター、チーズ、ライムギ、エンバクの余剰、皮革の販売などを挙げているが、ワイン、蒸留酒、塩、靴用の皮など日用品的必要物の購入や租税の支払いを賄うには足りないとしている。実際、フォール=エネはブリアンソネ地域における5戸の農家の収支を示しているが、いずれも農業生産によっては費用や支出を賄うことができていない（表III-5を参照）。それをカバーするためには出稼ぎや兼業、副業に従事する必要があったのである[50]。

当時、当県の住民は、出稼ぎとして教師、行商、梳麻、農業労働、ヒツジ飼いなどに従事していた。フランスを主としてスペイン、ポルトガル、

表III-5　19世紀前半のブリアンソン大郡の農家の収支（単位：fr）

農家番号と所在コミューン	①ラ=グラーヴ	②エギュイーユ	③ラ=サル	④ヴァルイーズ	⑤セルヴィエール
収入・生産物	595	805	931	755	813
支出・費用	759	940	1,241	809	813
収支	-164	-135	-310	-54	0

出典：Faure（1823），pp.105-109より作成。
注：①、②、③は、冬季の日雇、出稼ぎ、子供の年季奉公などにより収支の赤字をカバーしているとのことである。
注：④は54frの赤字のうち、24frを冬季の日雇でカバーしているとのことであるが、残り30frについては記載がない。
注：⑤の収入には日雇による給金受取（30fr）とピエモンテ地方での羊飼い従事による収入（70fr）が含まれており、これら兼業収入を含めなければ、他と同様、この農家の収支も赤字である。

38

イタリア、ドイツ、北方国、東インド、アメリカが、その行き先であった[51]。兼業や副業としては農村工業や家内工業が重要で、錠前師、粉挽き、羊毛紡ぎ、綿紡ぎ、靴下の製造、帽子の製造、織物業、皮革業などがされていた[52]。こうしたルートを通して彼らは必要な収入を獲得していたのである。

(3) 収益志向の伏在と顕現の潜在的可能性

　先に見たようにオート=ザルプ県の農業にも羊毛生産や酪農など販売向けの部分が存在した。しかし、県内の都市人口の比率は低く、その市場や需要は限定的であり、交通網の未発達も相まって、当県の農業生産物の販路は狭小であった。こうしたことにより商品作物の展開は制約を受けていた。収益志向が顕在化しがたい条件下に置かれていたのであり、多くの農業経営において、そうした志向は、いわば伏在するにとどまっていた。当県ではいわば必要補充型の生活志向農業が展開していたのであり、生活面でも生産面でもでき得る限り他給依存性を低下させながら、自給志向の強い農業を展開させつつ、それでもなくすことのできない他給依存部分は、農産物販売による対応も否定しないが、それとともに非農業部門の収入でカバーする対応を取っていたのである。

　とはいえ、当県の農業経営が決して市場から隔絶した存在でなかったことも忘れてはならない。生活と生産における現金の必要が拡大したり、輸送や販路の制約の解消が進むのであれば、自給志向の強い当県の生活型農業においても、伏在する収益志向が顕現する可能性が確かに孕まれていたのである。

●注
1) Brun (1995), pp.33, 142.
2) 当時の農業生産の状況は前章注26で挙げた文献を参照。

3）当時の輪作について、Ministère de l'agriculture, du commerce et des travaux publics（1867）, p.93を参照。ブリアンソン大郡で見られたバリエーションはComité des travaux historiques et scientifiques（1914）, pp.54-58やFaure（1823）, p.55を参照。他にChaix（1845）, pp.811-814でも輪作のバリエーションに関わる記述がある。

4）土地改良について、とりあえず、Chauvet et Pons（1975）, pp.272-273を参照。共同地の分割は伊丹（2020）、23、36頁をとりあえず参照。

5）当時の畜産の状況はChauvet et Pons（1975）, pp.276-277, 伊丹（2011）、13頁、伊丹（2022）、8-9頁を参照。放牧や放牧地について、伊丹（2020）、21-24、35-36頁を参照。

6）当時の農業経営や土地所有、兼業、副業について、とりあえず、伊丹（2011）、14、24-25頁を参照。

7）Farnaud（1811）, pp.89-90. あわせてVeyret（1945）, pp.464-465も参照。

8）Ministère de l'agriculture, du commerce et des travaux publics（1867）, p.95. Veyret（1945）, p.465でも指摘がある。

9）Farnaud（1811）, pp.79-81, 125.

10）Veyret（1945）, p.483.

11）Ministère de l'agriculture, du commerce et des travaux publics（1867）, p.95.

12）Veyret（1945）, pp.484-485, Chauvet et Pons（1975）, p.340.

13）Veyret（1945）, pp.501-502.

14）Briot（1881）, pp.31-32. オート＝ザルプ県における山岳地の荒廃は伊丹（2020）を参照。

15）Briot（1881）, pp.27-28, Veyret（1945）, pp.503-509, 本書Ⅳ章58-59頁を参照。

16）Briot（1881）, pp.28-31.

17）伊丹（2022）を参照。

18）Vivier（1992）, p.110, Briot（1881）, p.39.

19）Farnaud（1811）, pp.54-55, Vivier（1992）, p.110.

20）なお、ここに挙げたものの他に、クワの栽培や養蚕も見られたが、当県では、絹業は動きを見せるも、養蚕は広がりに欠けていた（Farnaud（1811）, pp.62-63, 125, Ministère de l'agriculture, du commerce et des travaux publics（1867）, p.96, Chauvet et Pons（1975）, pp.275-276, 282）。

21）当時の肥料の利用に関しては、Farnaud（1811）, pp.66-72, Faure（1823）, pp.85-88, Comité des travaux historiques et scientifiques（1914）, pp.58, 63, 次に見るロイエの記述などを参照。なお、肥料に関しては、その取得だけではなく、保管にも問題があり、ファルノーが、それが野ざらしにされているがゆえ

III　近代化の胎動以前の農業における収益志向の伏在

に、日照や降雨により養分が流出していると指摘している（Farnaud（1811），p.67）。

22）Ministère de l'agriculture, du commerce et des travaux publics（1867），p.92.

23）Ministère de l'agriculture, du commerce et des travaux publics（1867），pp.92-93.

24）Farnaud（1811），pp.68-69.

25）Comité des travaux historiques et scientifiques（1914），pp.59, 64. なお、アレール犂とは湾轅犂のことで、冬雨乾燥地帯であるインド西端部より広がり、フランス西部にまで達した。耕土を浅く撹拌するのみであるがゆえに雨水の土壌水分への転化と保全に適する。乾燥地帯では深耕をすれば貴重な土壌水分を蒸発させてしまうので、このアレール犂が向くとされる。それに対して、シャリュー犂は、インド犂がインドよりフランス東部までに伝わる中で進化した方形犂に車輪が取り付けられるなどの工夫が加えられた車輪犂である。湿潤なアルプ以北での除草の便宜や運転操作性の向上、深耕の実現などをもたらす改良がされている（応地（s.d.）を参照）。本文で見たように、1812年質問状への回答ではブリアンソン大郡でシャリュー犂が利用されている旨の回答がされているが、両者の混同もあるようで、実際のところでは、その詳細は不明である。

26）1852年農業統計ではcharrues sans avant-train（sans roues）（導輪なし（車輪なし）シャリュー犂）とされており（Ministre de l'agriculture, du commerce et des travaux publics（1858），p.426）、要するに無輪犂のことである。ラシヴェによるとシャリュー犂は2つの車輪が付属する導輪（本章注28を参照）を持つが、無輪のシャリュー犂も存在するとのことで（Lachiver（1997），p.424）、1852年農業統計はそれを指しているのかもしれない。あるいは、オート＝ザルプ県では、おそらく多くがアレール犂であったのではないかとも考えられる。なお、シャリュー犂は土をすき起こすのに対してアレール犂は播種や深度の浅い植栽のために表面的に畝間を拓くのにしか役立たないとされている（Lachiver（1997），p.93）。

27）1852年農業統計ではcharrues ayant une roue ou un sabot（一輪、あるいは安定支持具を持つシャリュー犂）とされており（Ministre de l'agriculture, du commerce et des travaux publics（1858），p.426）、ここでは一輪犂としておいたが、その代わりに取り付けられる安定支持具を付けたものも同じカテゴリーに含まれているようである。なお安定支持具（sabotともpatinともいう（Lachiver（1997），pp.1267, 1494））は導輪のかわりに取り付ける木片あるいは鉄片の類で、犂の安定性を保つためのものである（Lachiver（1997），p.1267）。

28）1852年統計ではcharrues à avant-train（導輪付きシャリュー犂）とされてい

41

るが（Ministre de l'agriculture, du commerce et des travaux publics (1858), p.426)、要するにいわゆる有輪犂のことである。なお、導輪は2つの車輪を持つ部品でシャリュー犂やアレール犂の前部に取り付けられ、犂を安定させ、シャリュー犂の場合には調整具が付属し、それによって耕起幅や深さを一定に保つことができた（Lachiver (1997), p.132)。

29）Ministre de l'agriculture, du commerce et des travaux publics (1858), p.426.

30）フランス東部ロレーヌ地方で実験農場を運営していた農学者ドンバールが1822年に発明した鉄製のシャリュー犂である。導輪がなく、撥土板が固定されている。深耕を可能としシダ類を根こそぎにできたとのことである（Lachiver (1997), p.425)。

31）Ministère de l'agriculture, du commerce et des travaux publics (1867), p.93.

32）ただし、この犂は大型であるため、耕作者（cultivateurs）にとっては射程外であり、また、当県の耕土が浅く、主に雌ウシやラバ等を役畜としていることからも多くの地域では利用されていない旨もファルノーは述べている（Farnaud (1811), p.29)。

33）ギヨーム犂は簡素で軽量なシャリュー犂で、その利用において大きな労力を要さないとの特徴を持っていた（Lachiver (1997), p.425)。

34）ファルノーによる当県の犂の記述はFarnaud (1811), pp.28-32, 122-123. なお、ファルノーは転換の必要が認識されているとしているものの、本章注25で指摘したように、シャリュー犂は深耕を可能とする改良がされているがゆえにオート＝ザルプ県のような乾燥卓越地には不向きであり、転換が進まない背景には、そうした事情が存在していたとも考えられる。なお、水分保持の観点から、南ヨーロッパにおいて無輪犂（ここでいうアレール犂）が適合していたことは、すでに飯沼二郎氏が指摘している（飯沼 (1987)、34頁）。

35）Ministère de l'agriculture, du commerce et des travaux publics (1867), p.93.

36）Ministre de l'agriculture, du commerce et des travaux publics (1858), pp.426-427.

37）Farnaud (1811), pp.24-25.

38）Farnaud (1811), p.123.

39）Ministère de l'agriculture, du commerce et des travaux publics (1867), p.86.

40）Vivier (1992), p.113.

41）Farnaud (1811), pp.61-62.

42）Chauvet et Pons (1975), pp.273-274.

43）Ministère de l'agriculture, du commerce et des travaux publics (1867), p.91. なお、ロイエによると、通常、質素な耕作者（simple cultivateur）や分益小作

III　近代化の胎動以前の農業における収益志向の伏在

農、借地農は自らの経営資本をそもそも持っておらず、地主が前貸しをしてい
たが、それでも、例えば12haの経営に対して、就農資金として1,000fr、運転資
金として1,000frにとどまり、1ha当たりにするとあわせて166frにしかならず、
ロイエはこれでは不十分と評している。こうしたことに本文で述べたような状
況も勘案して、ロイエは、すべての農業者にとって資金が手に届くものとなる
よう、貯蓄金庫の導入を提案している。秋季に蓄えを預け、春季にそれを引き
出し、農具、家畜、肥料などを購入できるようにとの趣旨の提案である。

44）Farnaud（1811），p.28. なお、ロイエは、車大工にも頼ることなく農家は自ら
　　が農具の修理を行うが、それでも、蹄鉄工への支払はあり、12haの農場で年間
　　50frとしている（Ministère de l'agriculture, du commerce et des travaux publics
　　（1867），p.93）。

45）Buffault（1913），pp.130-131. ただし、ビュフォーは、同じ論考の中で、食生
　　活に関しても他給依存物がないわけではないことや、消費志向が浸透しつつあ
　　ることを窺わせる記述も残している（次章67-69頁を参照）。

46）穀物について、Guicherd et al.（1933），p.101で、このような事情の存在が指
　　摘されている。

47）Ministère de l'agriculture, du commerce et des travaux publics（1867），p.90.

48）各大郡における相続慣行はMinistère de l'agriculture, du commerce et des
　　travaux publics（1867），p.90を参照。民法典相続法下における農業経営の一体性
　　保持を目指す農民の戦略を伊丹（2003）を参照。

49）Ministère de l'agriculture, du commerce et des travaux publics（1867），p.103.

50）Faure（1823），p.29, 105-109.

51）Faure（1823），pp.27-28. Vivier（1992），pp.129-132も参照。

52）Faure（1823），pp.30-31.

chapter IV

他給依存の契機拡大と
収益志向の漸次的顕現

20世紀に入る頃から、オート=ザルプ県では、リンゴ、ナシ、ラベンダーなど販売に向けた農業生産が県南西部で伸展を見せ始め、他の地域では酪農における牛乳の販売が展開を見せ始めた。また、端緒的ではあるが、農業機械や化学肥料の導入も始まった。自然条件やコスト面の制約により、県南西部や県中部が中心であったが、ともかくも、ここに農業経営の近代化の萌芽を見出すことができる。そして、生活の面でも、農村部において他給依存性の拡大や消費活動への志向の顕現、都市的生活の浸透の動きが出始めている。本格的な動きは第2次世界大戦後を待たなければならないが、しかし、その胎動や漸次的な拡大を見出すことができる。これら動きについて本章で見よう。

1 農業における販売の契機の拡大

(1) 農業の動向

　20世紀前半におけるオート=ザルプ県の農業の特徴として小規模自作経営が多く存在していたことを指摘できる。表IV-1によると、1929年に当県の農業経営者数は1万6,769人であるところ、そのうち自作経営者が1万6,273人で、大半を占めている。また、表IV-2によると経営規模が5 ha以

表IV-1　オート=ザルプ県の自作・定期借地・分益小作の経営者数（1929年）

経営形態	経営者数（人）
自作経営者	16,273
定期借地経営者	439
分益小作経営者	57
合計	16,769

　出典：Ministère de l'agriculture（1936），pp.503, 507, 511より作成。
　注：自作兼定期借地経営者は1,365人、自作兼分益小作経営者は42人、定期借地兼分益小作経営者は13人が存在する（Ministère de l'agriculture（1936），p.514）が、ここでは収入が大きい方の項目に含められており、ダブルカウントはされていない（Ministère de l'agriculture（1936），p.773）。

IV　他給依存の契機拡大と収益志向の漸次的顕現

表IV-2　オート＝ザルプ県の農業経営の規模別分布（1929年）

規模	農業経営数	割合（%）
1ha未満	1,766	10.59
1-5ha	6,261	37.56
5-10ha	3,775	22.65
10-20ha	2,733	16.40
20-50ha	1,746	10.47
50-100ha	264	1.58
100-200ha	60	0.36
200-500ha	18	0.11
500ha以上	46	0.28
合計	16,669	100.00

出典：Ministère de l'agriculture（1936），pp.482, 483, 486, 487, 490より作成。

表IV-3　オート＝ザルプ県の土地の地目別分布（1929年）

地目	面積（ha）	割合（%）
耕地	53,021	9.59
自然草地	117,761	21.31
ブドウ畑	2,367	0.43
菜園	434	0.08
果樹等	399	0.07
森林	127,955	23.15
池沼	0	0.00
ヒース地、荒蕪地等	250,667	45.36
合計	552,604	100.00

出典：Ministère de l'agriculture（1936），pp.300-301より作成。
注：自然草地（prairies naturelles）には採草自然草地（prairies naturelles fauchées）、牧場（herbages：家畜の肥育が可能なほどの肥沃度を持つ）、放牧地（pâturages：家畜の肥育が可能なほどの肥沃度は持たない）が含まれており、1852年農業統計とは内容が異なる（Ministère de l'agriculture（1936），p.765）。
注：ヒース地、荒蕪地等は人間の管理が入らず自発的な植生に任せるもので、敷藁、粗朶の採集やヒツジの放牧に利用されるにとどまる（Ministère de l'agriculture（1936），p.767）。
注：割合の各欄を足し合わせても100.00％とはならないが、四捨五入をしているためである。

下の層が8,027経営で48.15%を占め、10ha以下層まで含めると1万1,802経営で70.80%を占めている。

　次に、土地利用について表IV-3を見ると、1929年に当県の耕地面積は5

表IV-4　オート＝ザルプ県の家畜の飼育頭数（1929年）

畜種	飼育頭数
ウマ	8,930
ラバ	3,777
ロバ	623
ウシ	24,439
ヒツジ	155,619
ブタ	27,691
ヤギ	14,707

出典：Ministère de l'agriculture（1936），pp.384-385より作成。

万3,021haである。1852年には9万2,108haであったので、それに比べると
42.44％の減少である。ブドウ畑も1929年には2,367haにとどまり、1852年
には5,188haであったので、54.38％の減少である。それ以外の項目は1852
年農業統計の項目と必ずしも即応しておらず、比較をしたり増減を示すこ
とは難しい。

　畜産について、家畜の飼育頭数を表IV-4に示している。1929年にヒツジ
の飼育頭数は15万5,619頭で、1852年には28万3,368頭であったので、
45.08％もの減少である。ウシは2万1,139頭にとどまり、1852年には2万
9,082頭であったので、15.97％の減少である。1852年にウマの飼育頭数は
5,161頭であったのが、1929年には8,930頭に増加しており、あるいは、こ
のウシの飼育頭数減少は、役畜としての利用がウマへと転換しつつあるこ
とによるのではないかと考えられる[1]。

　こうした動きに加え、当県では新たな変化が起きつつあった。交通の発
達や都市の拡大、海外への輸出などにより商業的農業が展開を見せ始めて
おり、具体的には、果樹の栽培、ラベンダーの採集、酪農、子ヒツジの生
産などで販売に向けた動きが拡大していた[2]。そこには収益をめぐる流通
業者や農業生産者の動き、あるいは組織化の動きを検出することができ
る。以下、検討しよう。

(2) ナシの商業的生産の拡大と流通における動き

　オート＝ザルプ県の農業では穀作やブドウの栽培で縮小傾向が見られた[3]が、交通、運輸の発達、都市化の進展やそこでの消費生活の変化、さらには輸出の伸長を背景に拡大傾向を見せる部門も存在した。

　ナシは、土質、灌漑、日照の観点に鑑みた適地が県内にあり、そこで好調な生産が見られた。県南部、標高500mから800mの地域で広がりをみせていた[4]。最も広がっていたのはポワール・キュレ種やヴェールト・ロング種であるが、豊作年の収穫において、限られた時間内に多くの労働力が必要となることや、流通業者の手元にて果実が過剰になると価格低落を引き起し、農家が収穫放棄を余儀なくされるため、これら品種への過剰な依存は適切でないとされていた[5]。

　育苗は、13の育苗場がコミューンや組合により開設されており、他に、育苗業者も存在した。定植や管理は不十分とされるも、ララーニュやセールでは改善が図られている。虫害や病害への対策として第二銅塩剤噴霧がされている。収穫は手作業により、細心の注意が払われるのが常とされている[6]。

　収穫物は流通に回されるが、そこには複数の経路が見られた。オート＝ザルプ県農業局長であったイドゥーの説明を基に整理すると、大掴みには生産者による販売と業者が介在するルートとが存在する。

　生産者による販売はさらに2つに分けられる。1つは、小規模生産者が、毎週、地域の市場にて生産物を自ら販売する直接販売で、要するに伝統的な形態を踏襲するものである。そして、もう1つは、果実貯蔵スペースを所有する大規模生産者が1か月から2か月のうちに相場を見ながら適切なタイミングでナシを販売するものである[7]。従来より行われてきた市場での販売に加えて、ここでは新しく大規模生産者が経営資本を投入して、相場の動きを見ながら、経済的に有利になるような行動をしているのである。前章で見た1866年農業アンケートにて、ロイエが指摘していた経

営資本投入を忌避するかのような行動様式とは、全く異なっている。大規模生産者自らが価格を指標にして主導的に主体的に販売や流通に関わりながら、顕現しつつある収益志向を現実ものとし、その確保に繋げようとしているのである。

　他方、業者が介在するルートにも２つの形態がある。１つは流通業者が介在する契約栽培のようなものである。作業や管理が容易で完全な保存ができる広い果実貯蔵所を建設し所有する業者が、生産者と交渉し事前に果実を確保した上で、実際の収穫の後、速やかにそれを出荷させるものである。その際、果実の買い入れ価格は、相場に基づきつつ、これも事前に決めておく。そして、業者は買い入れたナシを、マルセイユ、トゥーロン、ニース、アプト、エクス、アヴィニョンなど南部の都市に、あるいは、リヨンやパリへと販売した[8]。

　業者が間に入るもう１つの形態はアプトのジャム製造業者が介在するもので、詳しいことは不明であるが、買い付けのために主要産地をトラックにて巡回していたとのことである[9]。

　このように、生産者による直接販売だけではなく、消費者との間に流通業者や加工業者が介在する形態も展開しつつあった。ナシをめぐる収益の可能性が生み出されようとしているところに、こうした業者もまた誘引されていたのである。

　ちなみに、その介在を通すに当たり、生産者にとって公正にして十分な収益が実現していたかどうかは、契約内容によるので一概には言えない。仲介者が間に入ることだけをもってして、生産者が不利であるとは、にわかに決めつけることはできない。ただ、すでにイドゥーにより、生産者価格と消費者価格の乖離が指摘されていたり、適切な販売組織の実現の必要性が指摘されている。加えて、この頃にはまだ明確に出現していなかった協同組合的な動きが、生産者の支援になろうとの指摘もされている[10]。これら指摘を踏まえると、流通の局面において生産者が経済的交渉力の面で不利な状況に立たされつつあったことが、あるいはVI章で見るように、

現在、指摘されている長経路流通の弊害に類する事態が、当時すでに生じつつあったと推察することもできるであろう。

(3) リンゴの商業的生産の拡大と流通における動き

リンゴは当県に向くとされ、その優秀な質により大きな収益をもたらしていた。県南部では渓谷部でも山岳高原部でもコンスタントな増加がみられた。標高500mから800mの地域で特に拡大し、傾斜の向きがよければ標高1,400mまで栽培された。ララーニュ小郡で最も多く、次いで、リビエ小郡、セール小郡、オルピエール小郡、ヴェーヌ小郡、タラール小郡と県南部、西部の小郡が続く。傾斜の向きが良ければ県東部シャトールーでも栽培された。ただし、県北部では標高、湿度の条件、冷涼気候により生産が安定せず、シャンソール地域では、春季の気温変動や秋季の早い冷涼到来のため多くなく、ブリアンソン大郡ではほとんど見られず、結局のところ、リンゴの80%はギャップ大郡で生産されていた[11]。

品種は8月から10月に実る2品種と11月から5月に実る8品種とが栽培されていた。育苗業者から苗木を購入し、草地、耕地、農道の縁に植樹されたり、ナシなど他の果樹と混植されるなどしていた。よって、栽培は合理的とはいえず、剪定も改良の余地が残されていた。ただし、ララーニュでは管理が十分にされており、剪定も椀型剪定が採用されていた。獣害の恐れがないとのことで、樹高を低くし、維持管理や収穫作業を容易にするとともに、風による落果も防ぐこととなっていた。施肥は、過リン酸やカリを利用する農家は少なく、耕起作業も最小にとどまる。当県の気候が乾燥しているがゆえに、苔や地衣類に関わるリスクはなく、樹木は良好な衛生状態に置かれ、殺菌剤や殺虫剤による処置はほとんどされていなかった。とはいえ、黒星病とヒメハマキガによる被害が次第に発生するようになっており、それへの対策が求められ、ヒ素液やニコチン液による処置が結果を出しつつあった[12]。

収穫は手作業で行われるが、ナシと同様に豊作年では労働力が足らず、

販売価格が低い時には枝をゆすって、広げた布の上に落果させるなどしていた。収穫の半分近くは県内に、残りは鉄道やトラックで県外に出荷されていた。出荷は4月から5月にかけて段階的にされ、これもナシと同様、マルセイユ、トゥーロン、ニース、エクス、ニーム、アヴィニョンなど南部諸都市が主な販路で、リヨンやパリにも少量が出されていた。また、リビエ付近からはアプトの缶詰工場に向けたトラックによる出荷もされていた[13]。

　農業関連部局もリンゴの栽培を支援していた。普及のための視察を企画したり、果樹園見学や現地での助言、講演会による情報提供がされていた。また、パリ＝リヨン＝マルセイユ鉄道会社農業局が13の育苗場創設を支援している。苗木購入者への購入価格30％払い戻しも農業関連部局によりされており、県農業協会がその認定を実施し、さらに優秀果樹園所有者への奨励金も措置されていた[14]。

　このように鉄道の開通やトラックの利用開始などにより、地域は限られるもののリンゴにおいても販売目的の栽培が拡大し、行政当局や関連団体、さらには鉄道会社による支援までもがされていた。流通や輸送における19世紀の隘路が打開されたことも相まって収益志向が顕現しようとしていたのである。

(4) プラムの商業的生産の動向

　プラムは県南部の丘陵部、ロザネ地域とその周辺の小郡に広がっていた。ただし専用果樹園での栽培は少なく、正規的な形で植樹されることもなく、アーモンドやクルミと交替で、あるいは稀ではあるがリンゴやナシと交替で栽培されていた。育苗従事農家は少なく、ただしコミューンや組合の育苗場が開設されており、そこで剪定と接ぎ木の講習もされ、その受講者が技術普及の核の形成を促していた[15]。

　管理作業は、リンゴやナシと同様、ほとんどされていなかった。ただし、ララーニュでは剪定、殺菌剤処理、殺虫剤処理に取り組む生産者が存

IV　他給依存の契機拡大と収益志向の漸次的顕現

在した。また、組合も組織されており、組合員が利用できる噴霧器が1台購入され、農業協会も大型作業具を所有しており、設備に関わる共同の資金投下がされていた。剪定は、リンゴと同様に、椀状にすると適切な管理や収穫が容易になるとされていた。収穫は8月初めに始まり、その後、1か月の間、段階的に実施される。収穫物の一部は生プラムで販売されるが、残りは干しプラム、ピストル、ブリニョールのための加工用であった[16]。種子は集めて育苗業者に販売されていた[17]。

　品種は、レーヌ＝クロード種とペルドゥリゴン＝ヴィオレ種の2つが栽培されていた。前者は拡大傾向に、後者は後退傾向にあった。後者は農家において加工し販売するものであり、そのための労働力が必要であるところ、その確保が困難になっており、それがゆえに生果のままで販売できるレーヌ＝クロード種が増加しつつあったのである[18]。

　そのレーヌ＝クロード種は砂糖菓子の原料やデザート用に出荷されており、県外南部の都市カルパントラやアプトなどに出され、良質のものはパリやロンドンにまで出荷された。仲買人が買い付けのために栽培地にまで到来し、生果をそのまま販売する分とコンポート加工用にする分の2つに分け、前者には1kg当たり2frの価格が付けられたが、後者の価格はより低く1.5frにも達しなかった[19]。

　ペルドゥリゴン＝ヴィオレ種の方は粉砂糖をまぶした干しプラムに加工された。かなりの手間と暇をかけて農家が加工をした。400kgのプラムから100kgの製品を製造することができるが、これで500frから600frにしかならない。よって、プラムの生果が上記のように1kg当たり2frの価格を付けるようであると割に合わなくなった。また、ピストルやブリニョールといった加工品も同じく農家にてそれなりの手間暇をかけて製造されていた。第1次世界大戦前にはドイツにまで輸出されていたが、その後はフランスの大都市に販路を見出していた[20]。

　プラムの収穫は変動が非常に大きく、ナシやリンゴと同様に豊作年には時間と労働力の不足により多くの果実が廃棄された。生果の販売が理想と

53

されるが、段階的な販売を実施することを考えると、その保存を可能にせねばならず、産業的な加工が必要とされていた。干しプラムはこの要請に応えるも、それでも完全ではないとされていた[21]。

　害虫への対策は、フランス南西部アジュネ地方で採用されていた高温消毒が威力を発揮していたが、必要な資材や装置の購入に向けた協同の取り組みがあってはじめて効果を発揮するとされていた。ただ、いずれにせよ、上記のように、農家での加工は労力の観点で持続可能ではなく、タルト、お菓子、コンポート用に果肉を菓子店に販売することに活路を求める動きが見られた[22]。

(5) ラベンダーの採集の展開

　20世紀に入ると販売向けにラベンダーの採集が拡大した。県西部やギャップ周辺、さらには、県中部や東部のデュランス川付近にまで広がりを見せた。ラベンダーはイギリスやイタリア、スペインでも生産されていたが、フランスが最大にして最良質の生産国とされていた。ただし、その中で生産地域は限定されており、バス＝ザルプ県（現アルプ＝ドゥ＝オート＝プロヴァンス県）、ドゥローム県と並んでオート＝ザルプ県もそこに含まれていた。ラベンダーには真正のラベンダーと、それに類似するも別ものであるスパイクラベンダーがあり、さらに両者のハイブリットも存在するが、オート＝ザルプ県を含む上記3県では真正ラベンダーが自生しており、第1級の産地と位置付けられていた[23]。

　ただし、技術的にはプリミティブな状態にとどまっていた。ラベンダーは栽培もあるが、むしろ多いのは野生のものの採集であった。急峻にしてアクセス困難な傾斜地にて多大な労力を費やして採集し、それを蒸留所まで降ろしていた。蒸留所は多くが簡素な道具を備える手工業的なものに過ぎず、河川や泉の近くに設置されていた。なお、オート＝ザルプ県はラベンダーの世界的な産地との評価がされていたと上に述べたが、しかし、それでも県会議員にして貿易顧問アルトーによると、得られるラベンダー

54

IV　他給依存の契機拡大と収益志向の漸次的顕現

エッセンスは必ずしも良質ではなく、収量も少なく、改良の余地が残されていたとのことである[24]。

　抽出されたエッセンスは村の仲買人（rabateurs）や買付人（courtiers）を通して香水製造メーカーに販売され、その製品がイギリスやアメリカ、日本など海外に輸出されていた。よって、ラベンダー市場の動向や価格の変動は、海外の需要の変動に左右されていた。第1次世界大戦前には容易に販売することができ、その後、化成品にて石鹸に香りを付ける動きが出現し、しかも、その価格はラベンダーの10分の1であったが、それでもなお、ラベンダーに取って代わることはできなかった。もっとも、ラベンダーの相場も1920年に暴落しており、同年3月に1kg当たり300frであったのが、翌年9月には50frにまで低下したため、ラベンダー採集業の見通しに暗雲が垂れ込めていた[25]。

　ただ、それでも、アルトーは、オート＝ザルプ県のラベンダーエッセンスは香水用に向き、石鹸用については上記のような代用品の開発がされるも消費者には支持されず、よって市場が飽和する心配はないとの見立てを示している。また、同じくアルトーは、供給面に関する情勢分析もしており、野生ラベンダーは縮小傾向にありながら、栽培ラベンダーはそれほどの生産量には達しておらず、よって、生産過剰の懸念も存在しないとの見立ても示している[26]。

　しかし、それでも流通の組織化は必要とされており、原産地や品質保証のためにブランドを付すことが提案されている。品質保証を求める外国の顧客を念頭においた提案である。加えて、製造や流通に関わる設備の近代化や生産者とメーカーを結ぶ組織が必要ともされている[27]。

　ただし、やがて世界恐慌の影響がフランスにも及び、ラベンダーの価格は低落する。ヴェレによると、結局のところ、その不安定性に鑑みるにラベンダーはあくまでも副次的な収入源としての役割を果たすにとどまった[28]。もっとも、副次的であり、また、安定性に欠けていたとしても、ラベンダーの採集において収益志向が顕現していたことは間違いない。都市

55

や海外における需要の発生を受け、自然的有利性を生かしつつ市場競争に打ち勝つことで収益の実現を可能にしていたのである。技術的にはプリミティブなままであり、また、自然的適合条件の限定性により、県内の一部の地域に限られるが、しかし、ここに収益志向の顕現を検出することができるのである。

(6) 牛乳販売の拡大

　これまでに見てきた果樹やラベンダーに加えて、酪農においても収益志向を検出することができる。トラックなどの輸送手段の発達により牛乳の販売が増加したのである。確かに県南部や南西部では依然として少ないが、それ以外の県内各地域では広く展開の動きが見られた。果樹やラベンダーとは異なり、限定された地域にとどまるのではなく、より多くの農家にとって有力な現金収入源となっていた。

　ブリアンソネ地域とケラ地域ではタランテーズ種を導入することによる乳牛の改良がされていた。夏季には高地放牧地での放牧がされ、冬季には舎飼いがされていた。そして、高地放牧地までのアクセスの困難性により、19世紀とは逆に牛乳生産の主力は冬季に移っていた。例えば、サン゠シャフレの乳業会社ラヴェ社は、1月から3月まで月平均1万6,000Lの牛乳を集めていたが、7月から10月は500Lに過ぎず、しかも、そのうち8月と9月は集乳すら実施していなかった[29]。

　アンブリュネ地域では乳牛の飼育は多くはないが、増加傾向にはあり、ネスレ社に牛乳を供給していた。ギャパンセ地域では1920年以前には同じく乳牛の飼育は多くなかったが、その後、倍以上に増加した。25頭から30頭の優良選抜アボンダンス種を飼育する経営が出現し、そこまでの規模を実現しているわけではないとしても、以前は平均2頭か3頭の規模であったのが、5頭から8頭の規模にまで拡大していた。年間乳量は1,850Lとされている。デヴォリュイ地域はヒツジの飼育が主であるが乳牛の飼育もされ、ここからもネスレ社への牛乳供給がされていた[30]。

IV 他給依存の契機拡大と収益志向の漸次的顕現

　シャンソール地域では、県の3分の1の牛乳が生産されていた。タラン
テーズ種が5分の4を占め、残りはアボンダンス種とモンベリアール種で
あった。6月から12月に牛乳を生産し、1月から5月の生産量は少なかっ
た。地域に乳業会社がいくつか存在していたが、それとともに、ここでも
またネスレ社が多くの牛乳を集めていた[31]。県南西部ではあまり盛んでは
なかったとされるが、しかし、ララーニュに乳業会社が設立されており、
それに向けてヴェーヌ小郡やララーニュ小郡にて牛乳生産が増加傾向を見
せていた[32]。

　この様に県内各地で、乳業会社に向けた牛乳の販売を目的に酪農が展開
しつつあり、こうした会社が県産の牛乳の半分以上を扱うまでになってい
た[33]。そして、その中で集乳の組織化が進められていた。集乳は会社の負
担でなされ、村落や集落まで運搬車が回り、そこから離れた場所の生産者
は付近の道路まで自ら牛乳を運んだ。集乳センターを持つ集落もいくつか
あり、水流により冷涼さを保つとともに、牛乳の計測を可能にするなど、
集乳に関わる便宜を提供していた[34]。

　こうして牛乳の販売が広がる中、加工の方は多くの生産者がそれを放棄
した[35]。加工に割く労力を節約し、その失敗リスクを背負うことがなくな
り、農家の女性の労働をシンプルにした。確かにそれに伴い加工分の収入
が減ずるが、安定した牛乳価格により、そのカバーができていたとの指摘
がされている。実際、第1次世界大戦後、牛乳価格は上昇した。ただし、
にもかかわらず乳業会社もまた大きな利益を実現していたとされている。
というのも、オート゠ザルプ県の牛乳生産者は共同して販売の契約を乳業
会社と結んでいたが、その契約価格は、オート゠サヴォワ県アヌシーでの
相場を基準としつつも、それより低い価格に設定されていたのである。そ
して、さらに言えばケラ、シャンソール、デヴォリュイ、アンブリュネな
ど県内でも地域ごとに価格差が存在していた[36]。

　もっとも、この様に価格がアヌシーの相場よりも低く設定されていても
なお、収益を実現する生産活動として農家は酪農を多く選好していた。

1930年と1931年に飼料が豊作となり、その販売価格の低下も合わさり、む
しろ、それを消費するべく乳牛の飼育頭数の増加が見られたが、それにあ
たり、ヒツジの飼育における収益実現可能性と酪農における可能性との比
較がされていた。すなわち、ヒツジの飼育は肉用でも羊毛用でも価格低下
により投資するには経済的に有利ではなかったが、牛乳は、上記の価格決
定メカニズムのあり方と齟齬があるものの、共同販売契約により生産者に
とって高く有利な価格が実現していたとの評価がされていたようで、よっ
て、その生産が安定的な収入源になりえたため、飼料の有効活用に当た
り、ヒツジの飼育ではなく酪農の拡大が選好されたとのことである[37]。収
益志向の顕現だけではなく、その実現に向けた経済的な選択行動をここに
検出することができるのである。

(7) ヒツジの肥育と子ヒツジの生産

　1860年の貿易自由化によりオート＝ザルプ県の羊毛生産は打撃を受けた
が、鉄道の開通や都市における需要の増大を受けて、かわりに肉用のヒツ
ジの肥育や子ヒツジの生産が拡大した。

　オート＝ザルプ県では在来の普通種が県東部および中部で、サヴェルノ
ン種が県中部や西部で飼育されていた。そのうち、普通種は19世紀より改
良が進められ、メリノ種との交配による改良種がデヴォリュイ地域などに
導入されていたが、山岳地の荒廃対策や羊毛の価格低下もあり、その飼育
頭数は減少した。ただし、鉄道の開通により、それまでは価値なきものと
されていた子ヒツジの出荷が可能となり、やがて双子を生ませる手法が広
がるなどして、出産数が増加し、その子ヒツジを月齢6か月にて販売する
ようになった。こうしたことを踏まえつつ、イドゥーとギャップの農業教
師にして農業局次長のヴェルネは、ヒツジの飼育頭数自体は減少するも、
山岳地への負荷が低減し、放牧地や飼料の改善が図られていることもあ
り、収益性自体は増大していると指摘している[38]。

　サヴェルノン種は、羊毛の生産性は低いが、肥育が容易で、上質にして

旨味ある肉を生産した。冷涼な高標高地には向かないが、ギャップ周辺や
アンブリュネなどで雌ヒツジの肥育が展開し、ギャップより南に位置する
地域では子ヒツジの飼育が展開した。4か月間の完全舎飼いと、放牧も含
めた6か月間の飼育との2種の飼育法が見られた[39]。

　こうした動きは、鉄道の開通や冷蔵車の導入により、生畜や生肉の輸送
が容易になったことを背景に20世紀初め頃に始まった。フランス南部だけ
ではなく、パリやフランス東部、北部、ブルターニュなどに販路を持って
いた。こうした動きに触発されて、まず、県西部に屠畜場が設置され、
後、ギャップにも協同組合によるものが開設された。アメリカ式の近代的
な設備で、あわせて副産物の活用もはかられた。鉄道からの引き込み線を
敷設して、マルセイユ、リヨン、パリへの輸送の便宜とした。さらには、
北アフリカのヒツジを商人が購入し、高地放牧地にて肥育する動きも見受
けられた[40]。

(8) 小括

　オート=ザルプ県では19世紀の後半に鉄道が敷設され、道路の改良、輸
送手段や保蔵手段の改良なども相まって、都市の発展により拡大しつつ
あった市場へのアクセスが改善された。それに乗じて収益を志向する農業
生産が展開を始めた。県南西部を中心としていたが、しかし、ギャップ周
辺やシャンソール地域でも同じく動きが見られるとともに、酪農は、県内
各地で展開するに至った。これらは農業者にとって貴重な現金収入源とな
り、経営や生活における他給依存を可能とするよすがともなりえた。経営
を前進させ、生活を豊かなものにする可能性を孕んでいた。しかし、同時
に、農業経営が市場における競争に巻き込まれていく契機にもなりえた。
実際、収益を実現するにはそれに打ち勝つ必要が出てくるのであった。

2 農業技術における改良と限界

　20世紀前半のオート=ザルプ県における農業技術を見よう。農業機械や化学肥料の導入が見られ、漸次的な農業の近代化が開始しつつあったが、広がりを欠いていたり、限界を孕むものであった。

（1）農機具の改良と限界

　オート=ザルプ県の農業において機械化や動力化は進められていたとしても端緒的で限定的であった。人力や畜力利用のレベルでありながらも、犂や収穫具、運搬具などで改良の動きは存在したが、とはいえ、それでも1929年農業統計によると二重ブラバン犂（brabant double）[41]が2,649台、複数犂先付シャリュー犂（charrues polysocs））は481台が確認できるにとどまり、草刈り機はそれでも3,825台が存在するが、収穫=結束機は511台、脱穀機は1,969台にとどまる（表IV-5参照）[42]。オート=ザルプ県の農業経営数は1万6,769経営であったので[43]、これら改良農機具の普及が、それほど進んでいなかったことが窺えるであろう。

　農機具のうち主たるものを見よう、まず、犂について、山岳地では依然としてアレール犂が利用されていた。経済性に鑑みた選択であり、非常に軽く、ラバや人手で運べる利便性にもよる。山岳地では道路が十分に整備されておらず、運搬の便宜が重視されたのである。とはいえ、小型ブラバン犂（brabanette）など改良が加えられた犂への転換の動きも存在した。山岳地以外では上記の二重ブラバン犂が利用されていた。1880年に当県に導入され、2,000台以上が利用されるまでとなっていた。金属製で、1頭あ

表IV-5　オート=ザルプ県における主要農機具（1929年）

農機具	二重ブラバン犂	複数犂先付シャリュー犂	草刈り機	収穫=結束機	脱穀機
台数	2,649	481	3,825	511	1,969

出典：Ministère de l'agriculture（1936），pp.658, 659, 662より作成。

るいは2頭のウマに引かせていた[44]。

　収穫具は、長柄の鎌が利用されるも減少傾向にあり、かわりに収穫具付草刈り機の利用が一般化した[45]。しかし、収穫＝結束機は、最初のものが1899年にムギ栽培地域に販売されるも、台数は限定的で普及は進まず、ようやく第1次世界大戦後になって、それを不可欠と認識した大規模穀作生産者において導入される状況であった。よって、その拡大は華々しくはなく、イドゥーとヴェルネは土地の細分化が進む地域にしては目覚ましいとするが、しかし、それでも1930年頃になってもなお350台を数えるにとどまる。上に示した1929年農業統計の数字とは合わないが、いずれにせよ、普及は限定的であった[46]。

　草刈り機は、当県では、すでに1877年にシャルル・オールーズなる者が購入しており、翌年にも他の個人や施設により4台が購入されていた。が、しばらくはそれ以外には普及せず、1896年にオールーズが新しいモデルを入れるも、その採用が広がるのは1907年になってようやくであった。第1次世界大戦後、特に1922年以降になると労働力不足が鮮明になり、普及が進んだ。ただし、それでも、高山岳地では長柄の草刈り鎌が利用され続けていた。多くの草地が大きな傾斜を持ち、アクセス手段も存在しないがために、手刈りに頼らざるを得なかったのである[47]。

　牧草の収穫ではレーキも利用されるが、依然として非常に原始的なもので、ただし、人力で利用する小型のものもあるが、それでもウマによる大型モデルも存在し、金属製の改良型の利用も指摘されている[48]。

　農機具の牽引はトラクタの利用は限定的で、ウマ、ラバ、ウシなど役畜が利用された。ウシは耕起に利用されるも800頭だけと稀であり、小規模経営では2頭の雌ウシのみということもあったが、他ではウマやラバが選好されていた。イドゥーとヴェルネによると役畜として飼育されるウマは7,000頭、ラバは5,000頭を数えた[49]。例えば、耕地43ha、自然草地12haを含む59haの経営面積を誇り、1928年の県コンクールで大経営部門の1等賞を獲得したルイ・オールーズの経営では、トラクタを所有するも、同時に

アルデンヌ種の去勢馬4頭が、良好な環境が確保された広い馬小屋にて飼育されており、トラクタとともに迅速な作業実施のために使役されていた[50]。

収穫物等の運搬に関しては、道路未整備の山岳地では飼料、穀物、堆肥などの運搬にラバが利用されていたが、道路によるアクセスが可能な経営では2輪の荷車やカートが導入されており、ただ、悪路への対応のため軽いモデルが利用されていた。そして、家畜の長距離輸送には運送業者によるトラックが多く利用されていた[51]。

脱穀機は、人力あるいは畜力回転装置によるものが長く利用されていたが、次第にガソリンモーターを動力として利用するものに転じつつあった。オート=ザルプ県では、送風機付大作業用脱穀機（batteuses à grand travail, avec ventilateur）の導入が1910年頃に遡り、1930年頃に拡大した。なお、上記のオールーズの経営では脱穀機の動力としてトラクタが利用されていた[52]。

(2) 動力の利用とトラクタ導入の限定性

動力を利用した作業の効率化は飼料の準備や調整において確認することができる。オールーズの経営では舎飼いにて家畜が多く飼育されていたため、日々、飼料を多く準備する必要があり、特に、牛乳生産の安定性確保のためにはその質を無視できないことから、2.5馬力の電気モーターが導入され、エンバク圧砕機や搾りかすの破砕機、藁切断機を稼働させていた[53]。そして、こうした電気モーターは、ひとりオールーズの経営にだけ導入されていたのではなく、1929年統計によるとオート=ザルプ県で合計364台にとどまるも、それだけの利用がされていた[54]。

他に、動力としては、2頭立て、あるいは4頭立ての畜力回転装置が利用されていた。小型の脱穀機や農場内装置を稼働させるもので、1929年農業統計によると県で合計203台が利用されていた。水車や水力モーターも64台が利用されており、さらには、山岳地を除いてではあるが、1930年頃

IV　他給依存の契機拡大と収益志向の漸次的顕現

にはガソリンモーターが普及していた。イドゥーとヴェルネによると５馬力、８馬力、12馬力のものがあり、70袋の脱穀機を動かす８馬力のものが最も広がっていた。ガソリンモーターはあわせて3,000台以上が当県に存在していた[55]。

そして、1929年農業統計によると50台に過ぎないが[56]、それでもトラクタが導入されていた。オート＝ザルプ県におけるその嚆矢は1912年とされるも、広がりを見せるのは1924年以降で、とはいえ、それでもなお、ララーニュなどで幾台かが利用されていたにとどまる。土地が細分され、狭小にして、その傾斜が大きな地域では広がらず、ただ、脱穀業者（entrepreneurs de battage）がトラクタを移動や装置の作動に活用するべく関心を寄せていた[57]。オールーズの経営でも、ほとんどの農具は家畜による牽引であった。とはいえ、14馬力小型トラックに加え、22馬力のトラクタも備えられており、２丁犂先付プラウがアタッチメントとして付属し、また、先に触れたように脱穀機の動力としても利用されていた[58]。

（3）農機具類導入をめぐる資本の寡少と他給依存性

第１次世界大戦による人的被害も相まってオート＝ザルプ県では労働力不足が問題となっていた。こうしたことから、第１次大戦後10年の間に農業者は農機具を更新し、新しい機械や動力の採用を余儀なくされていたといわれている。実際、例えば、1930年頃には草刈り機が不可欠とされていた。しかし、農機具類の購入や更新にはコストの問題が孕まれていた。新たな機械や動力が導入されるとしても、そのための費用も増大し、とりわけ中小経営にて負担が重くのしかかった。イドゥーとヴェルネは、30ha規模の経営において農機具（cheptel mort）の価値は、それでもha当たり1,000frを下回ることはないとしているが、それより規模が小さい経営では、その取得費用が応分以上に大きくなるために、ha当たり費用が1,500frを超えてしまいかねないとしている。しかも、現代日本の農業機械の事情に通ずるところがあるが、収穫＝結束機など、年間、数日しか利用しないにも

かかわらず、その購入には高額な支払いを余儀なくされるのである[59]。

　確かに、オールーズの経営においては、その経営体力と規模の経済の作用により、トラクタを含めた農機具類を備えることは可能であった。集約的農作業の必要と労働コスト上昇への対応に鑑みた省力化のため、その経営では当時の先端的なものを導入し、適切に維持管理しており、その価値はha当たり約1,000frと見積もられている[60]。しかしながら、それほどの経営体力を持つわけではなく、また、規模の経済が働きかねる中小規模の農業経営にとっては、同じように農機具を導入することは容易ではなかった。

　なお、加えて、これも現代において同様の事象が生じているが、当時、すでに、若年者の農業経営のスタートが困難な状況になっていた。イドゥーとヴェルネによると、以前には、労働者の役割がより大きかったがゆえに、それにより若年者が上手く土地所有農として自立するにまで到達できていたところ、その当時に不可欠とされていた家畜や資材（動産、道具、車、機械など）等の取得に十分な蓄えをすることができなくなったがゆえに自立が困難になったということである[61]。

　彼らの述べるところを敷衍するに、おそらくは、以前であれば、他経営において農業労働者として雇用されることで、経営自立を目指す若年者が給金を受けることができ、それをもって資金を蓄えることが可能であったところ、例えば、経営数減少の影響も相まって雇用が縮小してしまい、その機会を逃すことになった若年者において資金の蓄積に困難が生じ、ひいては彼らの経営自立に支障が生じたとの趣旨であろう。確かに、地価は、人口減少の影響で低下していたようであり[62]、その点、若年者の自立にとって有利な条件であったと考えられるが、しかし、農機具等に関わる初期投資は重く、それに雇用の縮小傾向が相乗的に作用することで、ハードルが上がったのではないかと考えられるのである。

　そもそも、改良農具であっても、農業機械でも、農業者自らが自給したり製造できるものではない。他給依存せざるを得ないものであり、よって、どうしても現金収入が必要となる。その獲得に当たっては、縮小しつ

つあるとはいえ農業部門における雇用や、あるいは出稼ぎ、兼業などによるのが有力な選択肢であったと考えられる。が、しかし、それによりつつも、農業経営における収益もまた、その実現可能性が拡大しているとすれば、選択肢の中に入りうることになる。実際、先に見たように、地域的には限定されているとはいえ、果樹やラベンダー、子ヒツジ生産にて収益実現の可能性の拡大が検出することができ、酪農に関しては、より広い地域で、同様の動きを検出することができる。ここに現金収入の可能性が拡大しつつあったのであり、ひいては、農機具類の購入可能性も拡大しつつあったのである。そして、このような農機具類の購入の実現を目指すならば、今度は逆に、それに充てるための現金が必要になる。そうなれば、それに迫られる形で、農業経営における収益志向への圧力も生じてくる。現金の必要による収益志向への刺激が農業経営に向けて発動する可能性もまた、そこに生ずることになったのである。

(4) 化学肥料の導入と限界

　次に肥料について見よう。まず堆肥に関しては、シャンソール地域で利用が多く、ジャガイモ、テンサイ、連作ムギ、自然草地を対象に施されていた。ただし、高地放牧地では、施肥による改良の可能性を孕みながらも、その標高とアクセスの困難性に適期の短かさが労働力確保の困難も合わさり利用は難しい状況であった。また、堆肥保管時の養分流出回避に関する改良はされていたが、その散布法は十分でないとされていた[63]。

　化学肥料や鉱物肥料に関しては、この時期、その利用に期待が寄せられており、実際に利用もされていた。1929年農業統計によると、窒素肥料としては硝酸ソーダや硫酸アンモニウムなど、窒素成分量にして176tが利用され、リン酸肥料としては過リン酸石灰など、リン成分量にして1,257tが、そしてカリ肥料は204tが利用されていた[64]。

　また、補完的に過ぎないとされつつも、県中部のシゴワイエではグアノやアルザスのカリ鉱石が利用されており[65]、オールーズの経営でも、多く

の家畜を飼育しているがゆえに有機肥料が多く利用されるも、あわせて化学肥料の利用もされていた。その効果について、オールーズは「利用以来、農場の収量は3分の1増加し、それにより集約的な輪作の実施が可能となっている」と評価している[66]。先進的な大経営において、化学肥料の導入により収量増加や栽培の集約化が実現しつつあったのである。

他にも、ムギやジャガイモに過リン酸肥料が利用されたり、ジャガイモやテンサイの栽培でカリ肥料の利用が急速に増加したり、硝酸ナトリウムが多く利用されているとの指摘がされている。しかし、硫安の普及は緩慢とのことである[67]。

ただし、やはり山岳地では化学肥料の普及には限界が見られたと考えられる。というのも、そこには農機具類と同様に経済的なコストの問題が孕まれていたからである。山岳地では、標高が高くなるほど肥料を利用しても農産物の収穫はそれに見合う形では増加せず、それに対して肥料の輸送コストは逓増してしまうため、両者を考え合わせると経済的に見合わなくなる。高山岳地での利用促進には道路整備と安価な濃縮肥料が必要であったのである。当県のような自然的条件不利地では化学肥料の導入においてコストの面で問題を抱えていたのであり、そうした問題が解消されなければ、その普及が進む可能性も発現しなかったのである[68]。

なお、化学肥料は堆肥と異なり自給は不可能で、農業機械と同様に他給依存せざるを得ない。それゆえ、化学肥料を利用するとすれば、何らかの方法で収益を確保する必要が生ずることになる。兼業や出稼ぎのルートももちろんあるが、同時に農業経営における収益も、ここでも選択肢の中に入りつつあった。そして、化学肥料の利用を拡大していくとすれば、ますますの現金を確保する必要が生じてくる。ひいては、それが経営における収益志向を発現させる刺激にもなりえたのである[69]。

(5) 小括

オート＝ザルプ県では限界を孕んでいたとはいえ、農業機械や化学肥料

が導入されようとしていた。ただし県南西部やギャップ周辺が中心で、山岳地には自然的条件も相まって浸透したわけではなかった。新技術の導入は農業経営における収益志向顕現のトリガーになりえたが、それが本格的に引かれるのは戦後を待たなければならなかった。

3 生活における他給依存性の漸次的拡大

　20世紀前半になるとオート゠ザルプ県でも都市の拡大が見られるとともに、農村部においても生活の変化を検出することができる。そこでは、自給物の比重が低下し、他給依存性が拡大しつつあることを窺うことができる。

(1) 20世紀初頭のブリアンソネ

　20世紀初頭のブリアンソネ地域の生活の一端をビュフォーの論考より窺うことができる。食生活では、パン、乳製品、ジャガイモ、キャベツ、塩漬けの牛肉や山羊肉、羊肉が見られた。パンについて、コムギは稀で、ライムギかオオムギが多く、年に1度、11月初めに焼いていた。ただし、大中心地付近では、時にパン屋にて、コムギあるいは混合ムギのパンを山岳地の住民であっても取得していたとのことである[70]。

　乳製品は、牛乳あるいはトムと呼ばれる凝固乳の形で消費され、野菜はジャガイモとキャベツのみとされる。肉類はほとんどないが、1906年にアフタ熱が流行し家畜の販売ができなかったために、その年にヒツジを食べることを余儀なくされたとのことである。アルコール類はワインとブランデーが消費されていたが、当地ではブドウの生産が気候的に困難であることから、これらは基本的には他給依存をしていた[71]。全体的に見れば食生活において、当時、自給物が中心であったと考えられるが、正確に定量的に明らかにすることはできないが、確かに他給依存物も消費されていたのである。

衣類は、詳しいことを窺うことができないが、ビュフォーによると下着類や地域特有の伝統的な服装品はその地域にて製造されていたところ、都市の大きな店によるものを前にして消滅したとのことである[72]。

　この様に生活において他給依存性がないわけではなかったことが窺えるが、それに関連して重要なことに、ブリアンソネ地域において消費社会的な志向が顕現しつつあったことが、ビュフォーの論考から読み取ることができる。

　ビュフォーによると、当時、「生活習慣が変化していた」ということで、「山岳地の住民はその父親ほどに節約をしなくなっている」とのことである。よくある話のようにも思われるが、しかし、ここに消費に関わるスタンスの世代間での差を窺うことができる。そして、加えて、ビュフォーは「彼らは出費の習慣に染まっている」ともしている。消費志向の現れが窺える。より具体的には「カフェや料理屋に行き付くようになっており、村で織られていた羊毛の旧式の服や、菜園のアサで織られていた旧式の布は、都市の商店で購入され、しかも比べて長持ちしない（de moindre durée）ものに取って代わられている」とのことである。消費生活の拡大を垣間見ることができるとともに、「比べて長持ちしないもの」とされていることから、あるいは、つまり、商品のライフサイクルの縮減と買い替え需要の発生とが見られたのかもしれない。もちろん現代の大量生産、大量消費、大量廃棄の下でのものとは異なる規模ではあろうが、その類の縮減と発生とがビュフォーの記述から窺うこともできるのである[73]。

　さらに、ビュフォーは「貯えや資金は消滅するか減少している。家畜群を購入するための現金はもはやない。全体的な貧困化が見られ、より正確には、貯蓄の減少が見られる」としている[74]。ここでビュフォーは「貧困化」としているが、要するに資金不足に陥っているようであり、よって家畜の購入が困難になっているのであろう。それでもなお、その購入を目指すとすれば、何らかの形で現金が必要となる。それには、例えば、伝統的になされてきた副業や出稼ぎによることが考えられるであろう。

IV　他給依存の契機拡大と収益志向の漸次的顕現

　しかし、ビュフォーによればそれらは後退傾向にあった。冬場の出稼ぎは消滅しつつあり、交通と地域的商業の発展により、行商もほとんど完全になくなっていた。加えて地域にて現金をもたらすものは存在しないとまでビュフォーは述べている[75]。とはいえ、ビュフォーは、上記の貯蓄減少について「恐らくセルヴィエールとケラではそうではなく、多く満たされた「臍繰り金（bas de laine）」がいまだにある。ブリアンソンとその周辺では、農民は生計を多く工場で立てている。ラルジャンティエールとラ＝ロッシュでも同様である」としている[76]。これら地域では、それまでの蓄えが潤沢にあり、それを取り崩すことで凌いでいたのか、あるいは、都市や工場付近であれば、兼業機会の存在により対応が可能であったのであろう。しかし、そうでなければ、農業生産による収益に頼らざるを得ない。となれば、そこで収益志向が顕現してくることになるであろう。農業経営における収益志向の顕現は、周囲の状況に左右されながら、いわば揺蕩っていたのである。確かに他給依存性は生活の中に存在しており、加えて、現代社会とは比べるべくもないと考えられるが、それでも消費社会的な志向もまた、ここに芽生えつつあった。そうした状況の中、兼業機会や副業の存在や可能性が縮小していくようであれば、生活の中に芽生えつつある志向の変化が、農業経営における収益志向の顕在化を促すことがありえたのである。

(2)　1930年代のシゴワイエ

　1930年代のシゴワイエの生活について、その様子の一端が、当地の出身者であるランボーによって紹介されており、そこから他給依存性がさらに進行していることが窺える。まず、食に関して、パン屋が良質のパンを生産し、家庭に配達するまでになっている。毎週、御用聞きに回りつつ、月末の信用払いということで2kgの丸パンを配達していた。なお、従前よりパン屋は存在していたが、住民はむしろ集落のパン焼き窯を利用していたところ、パンを焼くための準備やその焼く時間が損失と捉えられるよう

になり、しかも、やがて、パン焼き窯に修繕不可能なほどの劣化が生じたことにより、1930年代に放棄されていったとのことである[77]。

　シゴワイエにはパン屋だけではなく食料品店も存在した。4店が存在し、例えば、ボンボン、コーヒー、パテ、砂糖、チョコレート、調味料など様々な食品や嗜好品が販売されていた。カフェやレストランあるいはボールゲーム場のそばにあり、その客を目当てにしていた店もあった。巡回販売をする店もあり、小型トラックや自動車で回っていたということである[78]。

　衣類に関しては綿のシャツが使われており、どれほどのライフサイクルであったのかは判明しないなど、多くのことをここでは言えないが、他給依存性が存在していたことを窺うことはできるであろう。靴に関しては、毎年、靴底を取り換えるべく、集落の靴屋に張替えを、そしてやがてはギャップの靴屋にそれを依頼していたということである[79]。もちろん、現代のように、生活用品のほとんどを購入によるのではなく、自給的な側面も存在していたのではないかと考えられるが、しかし、同時に他給依存性も存在していたのである。

　そして、さらに「進歩と幸福のシンボル」である自動車がシゴワイエにも登場している。ランボーによると「戦争の数年前に、素晴らしいカタログと色付きのパンフレットを持って大きなブランドの販売部が訪問販売を開始し」ており、1936年頃には集落から離れたところに居住していたプロスパー・シャルドンなる者がセダン車を入手し、取引のために都市に出かけたり、作業のためにブドウ畑に出かけたり、買い物のために集落に出向いたりしていた。そして、1938年には12人ほどが自動車を所有するまでになった。加えて、同じ頃に、ラジオもシゴワイエに入っており、「ツール＝ドゥ＝フランスの最初の実況が若者を喜ばせた」のである[80]。

　自動車やラジオは、もはや、自給することは全く不可能なものである。他給依存をせざるを得ない。そして、他給依存が拡大すれば、その分、現金収入が必要になる。これまでに述べてきたことの繰り返しになるが、そ

れへの対応としては、兼業や出稼ぎの収入によることもできるが、それとともに農産物販売によるルートが考えられうる。農外収入の動向などによる濃淡はあるが、生活における他給依存性の拡大に伴い、農業経営における収益志向が刺激されうることになる。ここにも収益志向顕現の契機を見出すことができるのである。

4 収益志向顕現のメカニズム

　20世紀前半に、交通や輸送の改善と都市の拡大、そして、全国市場や海外市場への接続を利するようにして、当県の果樹、ラベンダー、畜産において販売に向けた動きが拡大した。それは現金収入を獲得することで経済的富を実現しうる活動であり、経営発展の契機ともなりえるものであった。ただし、流通部門や製造業にもその利を吸引しようとの動きがあり、それへの対応として生産者の側でも市場や流通の組織化の動きが出現しつつあった。農業生産をめぐる市場との関わりは揺蕩っていたのである。

　また、当県農業における商業化の動きは、あくまでも地域的な広がりが限定されていたり、もしくは特定の作目や畜産品に限られており、市場競争力に欠ける作目や地域は、そこから取り残されつつあった。あるいは、県内の多くの地域では、不利な自然条件下に置かれているがゆえに、全国市場の形成や交通の改善の中、低競争力が効くことになり、市場競争がフィックスト・ゲームのごとく出来することにもなりえた。

　20世紀前半には、限界を抱えていたとはいえ、トラクタや農機具、化学肥料など、農業生産における他給依存性が拡大しつつあった。加えて食などをめぐる日常生活においても他給依存性が拡大しつつあり、さらには1930年代には自動車やラジオの普及が始まった。自給生産では賄うことができず、経営や生活を維持するためには現金収入が必要となる状況が強まりつつあったのである。

　そして、それへの対応のために兼業や副業、出稼ぎなどのルートにより

収入を得ることも可能であったが、それらは必ずしも安定していたわけではなかった。鉄道の開通や商業の発展により行商が減り、出稼ぎなどの現金収入源の後退が見られた。現金獲得源が縮小傾向にある中で、農業経営でも生活でも深化しつつある他給依存性に対応しなければならなかったのであり、その対応のため、農業生産による収益が求められることになりつつあった。経営や生活における他給依存性の拡大に駆動される形をとりながら、より自給的であった農業の営みの中から収益志向が顕現するメカニズムが発動しようとしていたのである。

●注

1）なお、ブタは表IV-4にあるように1929年に2万7,691頭の飼育であり、表III-3によると1852年には1万8,637頭であったので、それに比べて増加している。県南西部で販売向けの生産が拡大していたようであるが、詳細についてあまり情報を得ることができなかった（とりあえず、Guicherd et al.（1933），pp.233-234を参照）。

2）なお、その他に、当県では、販売向けに牧草種子も生産されていた。イネ科の牧草は、種子が成熟すると半月鎌で収穫され、乾燥、脱穀されていた。ただし、専用の農具がないために商人に渡される種子は見栄えがせず、蒸れていて土が混じり過ぎているなどの苦情を受けており、非常に安い価格で販売せざるを得なかったとされる。それに対してマメ科の牧草の種子は、ギャップの商人が梱包なしで購入し、改良された道具にて夾雑物を除去し、牧草の種類ごとに分けて外国に輸出しており、非常に容易に販売できたとのことである（Guicherd et al.（1933），pp.110-111）。

3）当時の穀作の動向はGuicherd et al.（1933），pp.101-105を参照。ブドウの栽培の動向はGuicherd et al.（1933），pp.147-170を参照。

4）Guicherd et al.（1933），p.134. なお、ナシは、栽培自体は標高1,200mまでされており、例外的に標高1,400mでも見られたが、こうした地域ではむしろリンゴに取って代わられていた。

5）Guicherd et al.（1933），p.135.

6）Guicherd et al.（1933），p.136.

7）Guicherd et al.（1933），p.136.

IV　他給依存の契機拡大と収益志向の漸次的顕現

8）Guicherd et al.（1933）, pp.136-137.

9）Guicherd et al.（1933）, p.137.

10）Guicherd et al.（1933）, p.137.

11）Guicherd et al.（1933）, p.130.

12）Guicherd et al.（1933）, pp.130-132.

13）Guicherd et al.（1933）, pp.132-133.

14）Guicherd et al.（1933）, pp.133-134.

15）Guicherd et al.（1933）, pp.137-138.

16）Guicherd et al.（1933）, pp.138-139.

17）Guicherd et al.（1933）, p.141.

18）Guicherd et al.（1933）, p.138.

19）Guicherd et al.（1933）, pp.139-140.

20）Guicherd et al.（1933）, pp.140-141.

21）Guicherd et al.（1933）, p.141.

22）Guicherd et al.（1933）, pp.141-142.

23）Guicherd et al.（1933）, pp.171-172.

24）Guicherd et al.（1933）, pp.172-174.

25）Guicherd et al.（1933）, p.174.

26）Guicherd et al.（1933）, p.175.

27）Guicherd et al.（1933）, p.176.

28）Veyret（1945）, pp.471-472.

29）Guicherd et al.（1933）, pp.247-248.

30）Guicherd et al.（1933）, pp.248-249.

31）ただし、同地域のオルシエール小郡は、なおも牛乳の輸送が困難な立地に置かれていたため、伝統的なシャンポレオン・チーズの生産が続いていた。なお、以前は羊乳を混ぜて製造していたが、この頃には牛乳のみでの生産ということである。19世紀についてであるが、この地の製酪組合やシャンポレオン・チーズは伊丹（2022）、21頁を参照。

32）Guicherd et al.（1933）, p.249.

33）なお、製酪組合は、県東北部ピュイ=サン=タンドレに、ブルー・チーズとバターを加工製造しているものが存在するだけである（Guicherd et al.（1933）, p.250）。伊丹（2022）で見たように、19世紀の後半には森林行政による製酪組合普及の動きが見られたが、乳業会社との競争の中で淘汰され、1つを残すのみになっていたと考えられる。

34）Guicherd et al.（1933）, p.249.

35）生産者における加工は縮小したかもしれないが、それでも、依然として、チーズ製造自体はオート＝ザルプ県で重要な役割を果たしていたとされている。グリュイエール・チーズやブルー・チーズなど多様なチーズが生産されており、農家においても世帯消費向けのトムと呼ばれる乳製品加工が続いてはいた。それに対して、バターの製造は、県で、30万kgほどにとどまり、うち20％は乳業会社による。農家におけるバターの加工は大きく減少していたとされている。他地域のバターや乳業会社の遠心分離機を利用し製造されたバターとの競争の中、当県農家のバターの販売は振るわなかったのである。ただし、それでも遠心分離クリーム分離機や、伝統的ピストン型バラットの代替としての回転バラット、ワーキング装置など近代的な備品や施設を導入する農家は存在し、上質なバターを適正に評価し選好する顧客に向けた製造をしていた。なお、ロザン小郡には山羊乳バターを製造する農家が数戸存在したが、その質は劣るとされていた（Guicherd et al. (1933), pp.252-253）。

36）Guicherd et al. (1933), pp.250-252.

37）Guicherd et al. (1933), p.252.

38）Guicherd et al. (1933), pp.213-215.

39）Guicherd et al. (1933), p.216, Veyret (1945), pp.503-504.

40）Veyret (1945), pp.506-507. なお、輸送手段の改良によるヒツジの肥育への傾向はポンスも指摘している（Chauvet et Pons (1975), p.343）。

41）この犂はシャリュー犂であるが、土を反転させるための撥土板が2枚、そして耕土を切開する犂先も2丁が備えられており、耕土を均平に耕すことができたとのことである（Lachiver (1997), pp.287, 425）。

42）Ministère de l'agriculture (1936), pp.658, 659, 662.

43）表IV-1を参照。

44）Guicherd et al. (1933), p.279.

45）ランボーは、アクセスが難しく収穫＝結束機の通過が不可能な傾斜地について、草刈り機が利用されており、しかも、規模の小さな経営では収穫＝結束機の購入や利用ができないがために、1950年代まで草刈り機が穀物の収穫に使われていたと指摘している（Rambaud (2006), pp.18-19）。

46）Guicherd et al. (1933), pp.280-281.

47）Guicherd et al. (1933), p.280.

48）Guicherd et al. (1933), p.280.

49）Guicherd et al. (1933), p.283.

50）Guicherd et al. (1933), pp.326, 331, 337.

51）Guicherd et al. (1933), pp.283-284.

IV　他給依存の契機拡大と収益志向の漸次的顕現

52）Guicherd et al.（1933）, pp.281, 334.

53）Guicherd et al.（1933）, pp.332, 334.

54）Ministère de l'agriculture（1936）, p.675.

55）Guicherd et al.（1933）, p.282, Ministère de l'agriculture（1936）, p.674. ちなみ
に、1929年農業統計によるとオート＝ザルプ県では内燃機関（moteur à explosion）が1,170台とされており、液体燃料モーター（moteur à combustibles liquides）とディーゼルモーター（moteur à gazogène）が含まれているが、当県では後者は２台に過ぎず、残りは前者である（Ministère de l'agriculture（1936）, p.667）。いずれにせよ本文で紹介しているイドゥーとヴェルネが示す台数とは差があるが、彼らは、その先立つ数年でガソリンモーターが「すさまじい成功（un succès foudroyant）」を収めたとしており、あるいは、急激な普及が見られたのかもしれない。

56）Ministère de l'agriculture（1936）, p.671.

57）Guicherd et al.（1933）, p.283.

58）Guicherd et al.（1933）, p.334.

59）Guicherd et al.（1933）, p.284.

60）Guicherd et al.（1933）, p.334. なお、このルイ・オールーズの経営では、その指揮はルイ自らが担当し、８人の子供のうち、エクスの冬季農業学校の元生徒であった25歳の既婚の息子が、作業内容は示されていないが、父親の助力をしていた。ギャップの冬季学校に通う17歳の息子、それぞれ20歳、18歳、12歳になる３人の娘も、同じく内容は不明であるが、助力をしていた。奉公人は荷車牽き１人、ウシ飼い２人、ヒツジ飼い１人がおり、寝台２台が設けられた部屋に食事、毛布、シーツ等付での待遇であった。農繁期には加えて日雇い２人を食事なし待遇で雇用し、賃金コストはha当たり270frとのことである（Guicherd et al.（1933）, p.333）。

61）Guicherd et al.（1933）, p.284.

62）Guicherd et al.（1933）, p.262.

63）Guicherd et al.（1933）, pp.94-95. なお、われわれも前章注21で触れたが、ファルノーの頃には野ざらしにされており、日照や降雨で養分が失われていたが、堆肥用の溝や置き場が設置され、畜舎は敷石舗装やセメント舗装がされることで改良がなされており、農業者もその利を知ってはいるが、しかし、資金や時間がない場合にはやむを得ず土の溝にしているとイドゥーとヴェルネが指摘している。

64）Ministère de l'agriculture（1936）, p.698.

65）Rambaud（2006）, p.44.

66）Guicherd et al.（1933），p.329.

67）Guicherd et al.（1933），pp.96-97.

68）Guicherd et al.（1933），pp.98-99.

69）ちなみに、飼料においても収益志向発現の刺激が孕まれていたと考えられる。というのも、ルイ・オールーズの経営にて、毎年、2万3,000frの濃縮飼料を購入しており（Guicherd et al.（1933），p.333）、他経営における広がりまでは明確にできないが、しかし、飼料の調達においても他給依存の動きが存在していたのである。

70）Buffault（1913），p.102.

71）Buffault（1913），pp.102-103.

72）Buffault（1913），p.100.

73）Buffault（1913），pp.101-102.

74）Buffault（1913），p.102.

75）Buffault（1913），p.101. なお、ビュフォーは、ブリアンソネ地域の人口減少の原因として地域の資源だけでは生活が困難であることに加えて、毎年の出稼ぎが大きく減少したことを挙げている。あわせて、軍役により優美にして愉しく収益になる生活を若年者が都市にて垣間見ることや、それに比較するに山岳地の生活は厳しく報われるところがなく、うんざりであると考えるようになったことも原因として挙げている（Buffault（1913），pp.120-121）。

76）Buffault（1913），p.102. なお、第2次世界大戦後の調査であるが、ブリアンソン近郊のサン＝シャフレ・コミューンにおける副業や兼業の存在についてデュモンが指摘をしている。本コミューンには調査時に純粋な農家すなわち専業農家は1戸も存在せず、コミューン在住の男性ほとんどが耕地を持つものの、農業は補完的な活動との位置付けで、基本的には食料獲得を目的とするものであった（une activité agricole complémentaire, à but essentiellement nourricier）。ブリアンソンからほど近いために、男性がほとんどそこに働きに出ているということで、石工、指物師、大工、塗装工など建設業に従事する者が多く、他に製材、紡績、織布、索道業、療養所、軍病院、地域商業に従事する者も存在した。都市近郊にあるがゆえに離村よりも兼業を選択肢として選んでいたのであり、農作業は女性と子供が主に担当していたとのことである（Dumont（1951），p.25）。このように兼業のチャンスがあれば、現金獲得の可能性も広がることになり、場合によっては、農業の方では収益を目的とする必要もなく、自給的生活型農業を続けることが可能であったのである。

77）Rambaud（2006），pp.94-96.

78）Rambaud（2006），pp.97-99, 103.

IV 他給依存の契機拡大と収益志向の漸次的顕現

79) Rambaud（2006), pp.41-42.
80) Rambaud（2006), pp.179-180.

chapter

V

他給依存性の深化と
収益の強迫

第2次世界大戦以前より、フランスでは、農業における機械化や化学化の動きを検出することができるが、他国に比べて近代化の動きは緩慢であった。しかし、戦後になると食料不足への対応の必要に迫られたこともあり、アメリカの支援を受けつつ、その動きを拡大させた。1949年頃に農業生産は戦前の水準にまで回復し、1950年以降にはむしろ過剰の問題が表面化した。1953年には実際に牛乳や牛肉の生産過剰と価格低下が生じた。そうした状況への対応として農産物価格や市場の組織化に関わる政策が実施されたが、次第に農業部門と非農業部門との間の所得格差が問題として認識されるようになった。その是正を目指して、1960年に農業の方向付けに関する法が、そして1962年にはその補完法が制定された。そこでは経営の構造改善、生産性の上昇、所得の向上を実現するべく農業の近代化が目指された。欧州経済共同体の共通農業政策も加わりながら、フランスの農業は近代化の方向へと向かうことになる。それはオート＝ザルプ県でも同様であった。そこで、本章では、農業の近代化を象徴するトラクタに焦点を当て、オート＝ザルプ県における導入をめぐる動きと、それに伴い生じた変化を見よう[1]。

1 農業の近代化への方向付けとオート＝ザルプ県の農業の変化

(1) 農業の近代化への方向付け

　1945年から1974年にフランスでは大きな経済成長が見られた。「栄光の30年」と呼ばれており、その間に、非農業部門が発展し、農村から人口が都市へと流出するとともに、大衆消費社会が成立し、物質的な豊かさが実現した[2]。そうした動きの中で農業と非農業部門との所得の格差が問題となり、その是正のために農業の近代化政策が推進された。

　近代化政策推進の法的基盤として1960年の農業の方向付けに関する法と

V　他給依存性の深化と収益の強迫

1962年の補完法が制定され、農業経営の構造改善が図られた。規模拡大や近代化に意欲ある農業経営者に土地を集積するため、SAFER（Société d'aménagement foncier et d'établissement rural：土地整備農業施設会社）が設置された。これは、売りに出されている農地を取得し、必要に応じてそれを整備した上で、経営自立や規模拡大を目指す農業経営者に売却することを目的とする会社である。優先的な農地取得を可能にするために、農地の先買い権が付与された[3]。

　オート＝ザルプ県でも一定の土地取引がSAFERを通して実施された。1965年から1972年の間に当県でSAFERを通した取引の対象となった農地の面積は2,000ha余である。ただし、それに対して、SAFERを通さない公証人介在取引は1969年から1972年で5,000ha余とより大きい。また、ha当たり平均価額は、1971年にSAFERを通した取引が3,000frを超えてはいたが、公証人介在取引のうち、農業者向けの場合は4,824fr、非農業者向けの場合は9,501frにも上る。この違いは観光業が影響を与えたことによると考えられている[4]。

　農業者の引退や経営継承を促進するためにIVD（Indemnité viagère de départ：離農終身補償金）が導入された。これは、他の農業経営者や自立を目指す者に農地を売却あるいは賃貸借にて譲渡することを条件として、引退する農業経営者等に支払われる年金のことである[5]。若年経営者への世代交代促進や経営規模の拡大が目的で、オート＝ザルプ県でもこの制度を通した土地の流動化がされている。1968年から1973年の間にオート＝ザルプ県で承認されたIVDは1,268件で、それにより2万7,000haほどの農地が経営自立や経営拡大などのために移譲されている[6]。

　なお、1964年の補足的措置により、県内の各農業地域ごとに自立最低面積（superficie minimum d'installation）が設定されている。この面積を下回っていると新規に自立しようとする経営主に向けた融資や各種補助金、あるいは経営発展改善に向けた助成措置等を受けることができない[7]。一定の規模を確保できる者でなければ、政策的支援を受ける可能性が狭まるので

あり、要するに選別的な措置が取られているのである。確かに地域差を考慮に入れて設定される参照面積（superficie de référence）[8]を基にこの自立最低面積は設定されているが、いずれにせよ、それに達し得ない者は政策の対象から外されてしまう。規模拡大への志向を持つだけではなく、現実にそれだけの経営面積を確保できる経営者のみが近代化政策による支援を享受できるのであり、政策的にそのような方向へと方向付けがされているのである。

加えて、欧州経済共同体により共通農業政策が打ち出された。農産物に関わるヨーロッパの共通市場が設立され、共同体の域内では関税が撤廃され、貿易が自由化されるとともに、域外に対しては関税による保護がされることになった。それにより、ヨーロッパ外の農産物に対して競争力は持たないものの、ヨーロッパの中では競争力を持つフランスの農業は、従前よりも大きな市場を確保することが可能になったのである[9]。

(2) オート＝ザルプ県の農業生産

近代化政策や共通農業政策が打ち出される中、オート＝ザルプ県の農業も変貌を遂げた。経営数が1955年に9,611経営であったところ、1970年には5,625経営となっており、41.47％の減少が見られた。フランス全体では29.76％の減少であったので、それよりも大きな減少率である[10]。

1970年の経営当たり農業利用地面積[11]は県全体でみると16.5haで、フランス全体の18.8haに比べてやや低い。農業経営の規模別分布をみると、県全体では5ha以下層が25.0％を、5haから20ha層が50.2％をも占めるが、50ha以上層は4.7％に過ぎず、フランス全体では7.5％であるので、オート＝ザルプ県における比率はより低い（表V-1参照）。当県では農業利用地面積の集中度も低く、50ha以上層が経営する面積の割合は、フランスでは35.5％であるところ、オート＝ザルプ県では25.5％にとどまる（表V-2参照）[12]。

経営主は男性が5,296人（94.2％）、女性が329人（5.8％）である。年齢は、

V　他給依存性の深化と収益の強迫

表V-1　オート゠ザルプ県とフランスの農業経営数の規模別割合（1970年）（単位：%）

経営規模	オート゠ザルプ県	フランス
5ha以下	25.0	31.0
5-20ha	50.2	38.2
20-50ha	20.2	23.3
50ha以上	4.7	7.5

出典：Ministère de l'agriculture et du développement rural（1973），p.30，Chauvet et Pons（1975），p.470より作成。
注：オート゠ザルプ県の割合を足し合わせても100.0％にはならないが、四捨五入をしているためである。

表V-2　オート゠ザルプ県とフランスの農業利用地面積の経営規模別割合（1970年）（単位:%）

経営規模	オート゠ザルプ県	フランス
5ha以下	3.4	3.1
5-20ha	34.8	23.5
20-50ha	36.3	37.9
50ha以上	25.5	35.5

出典：Chauvet et Pons（1975），p.470より作成。
注：オート゠ザルプ県とフランスについて、それぞれ、各規模層に属する経営の農業利用地面積を合計し、その全体に占める割合を示している。

1955年から1963年には55歳から64歳層の割合が増大し、他の層の割合は減じているが、1963年から1970年には54歳以下層の割合が43.7％から52.1％に増大し、過半を超えるまでになっている。ここに若年化の傾向を窺うことができる。しかし、それでもフランス全体で見た時の54歳以下層の割合は1970年に55.6%であるので、オート゠ザルプ県の数字は、それよりもやや低い[13]。

　オート゠ザルプ県の農業利用地面積は1970年農業センサスによると９万3,085haである（表V-3参照）。そのうち耕地面積は３万7,097haにとどまる。1929年には５万3,021haであったので、約30％の減少である。ブドウ畑は2,367haであったのが、1,180haに半減している。それに対して果樹園は399haであったのが、2,263haに大きく増加している。草地[14]は５万2,317haで農業利用地面積の56.20%を占める[15]。表には載せていないが、作目別の動向を見ると、穀物は縮小傾向が続いており、1970年には１万4,235haの

表V-3　オート＝ザルプ県の農業利用地面積の地目別分布（1970年）

地目	面積（ha）	割合（%）
耕地	37,097	39.85
ブドウ畑	1,180	1.27
果樹園	2,263	2.43
草地	52,317	56.20
その他	228	0.24
合計	93,085	100.00

出典：Chauvet et Pons（1975），p.473より作成。
注：草地（superficie toujours en herbe）には、自然草地（prairies naturelles）、牧場（herbages）、放牧地（pâturages）、生産的荒蕪地等（landes et parcours productifs）を含む（Ministère de l'agriculture et du développement rural.（1973），p.6）。
注：割合の各欄を足し合わせても100.00％とはならないが、四捨五入をしているためである。

表V-4　オート＝ザルプ県の家畜の飼育頭数（1970年）

畜種	飼育頭数
ウマ等	1,777
ウシ	36,739
ヒツジ	208,825
ブタ	18,204
ヤギ	6,170

出典：Ministère de l'agriculture et du développement rural（1973），pp.55，63より作成。

栽培面積にとどまる。かわって果樹が伸長しており、ナシとリンゴがそれぞれ約1,000haの栽培である[16]。

　畜産は、家畜の飼育頭数を表V-4に示している。ヒツジが20万8,825頭の飼育でウシが3万6,739頭の飼育である[17]。前者では肉や子ヒツジの生産に力が入れられつつあり、後者では牛乳や乳製品の管理や品質向上などが図られている。ただし、同時に流通の非効率性が問題とされていた[18]。また、放牧も依然として実施されており、高地放牧地には移牧されてくる家畜が受け入れられていた[19]。

(3) 灌漑整備と交換分合の進展

　オート＝ザルプ県では土地改良事業として灌漑用水路の整備が進められ

Ⅴ　他給依存性の深化と収益の強迫

た。1966年には469の用水路により2万1,385haが灌漑されており、1970年には農業利用地面積の20％に相当する1万8,475haに減少するが、それでも全経営のうち69％に当たる3,869経営が灌漑を利用していた。主に県中部と南西部で割合が大きい[20]。

　当時、当県では散水式灌漑が導入されつつあった。この散水式灌漑には、①必要時に灌漑が可能であること、②取水口や用水路の維持管理が不要となること、③節水をもたらすこと、④規則的な灌漑が可能となること、⑤霜害対策が可能になることという利点がある。1972年には、この方式による灌漑地面積が3,850haを占めるまでとなり、その整備に2,743万5,300frが投じられていた。散水式灌漑は1955年に当県南西部に位置するヴァンタヴォンで導入されたが、それはフランスで初めてのことで、それより15年ほどで拡大したのである。そして、1972年には当県中北部シャンソール地域で散水機ネットワークが整備されたが、これもまたフランスで初めてのことであった[21]。

　ちなみに、灌漑の利用には年賦課金や施設建設に関わる償還金の支払いが必要になるが、デュランス川におけるセール＝ポンソン・ダム建設に関連したフランス電力公社による補償金支払いがあり、それも寄与したとされている。あわせて、施設整備には国やヨーロッパの補助等も活用された[22]。

　農業経営の効率化には交換分合が求められる。オート＝ザルプ県では1955年の時点で400haを対象に交換分合が実施されていたに過ぎなかった。交換対象地の条件衡平性の問題や、農業者になお遺産意識が存在していたことが背景にあったとされている。が、機械化などの進展により交換分合への機運が生じ、1971年12月31日の時点で37事業により2万719haで完了するまでとなり、さらに、合計1,565haを対象に3事業が継続中であった。これらを合わせると当県の農業利用地面積の25％を占めることになる。ただし、それでもフランス全体に比べると低い割合であった。なお、交換分合は農業生産に利をもたらすだけではなく、コミューン有地の再集団化に

85

も関わりあいながら、より広くコミューン自体の整備計画にも繋がるとされ、実際、5つのコミューンにて合理的で衡平な土地の編成が実現したということである[23]。

(4) 機械化と畜舎の整備の進展

この時期には農業の機械化も進んでいる。トラクタは1970年に個人所有のものが3,914台、共同所有のものが208台存在した。トラクタ所有経営は3,784経営を数え、自ら所有はしていなくともトラクタを利用していた経営は2,979経営を数えた（表V-5参照）。

個人所有のトラクタの台数は1955年に比べ3.4倍に増加しており、平地部が比較的広がるギャパンセ、シャンソール、セーロワ=ロザネ、ララニェ、アンブリュネを中心に普及したが、山岳地ではむしろ動力草刈り機（motofaucheuse）の普及が進んだ[24]。

また、共同所有に関しては、トラクタに限らず他の農業機械も含めて、費用や利用機会に鑑みた共同購入や共同利用の動きが存在した。農閑期での作業用であるがために利用の競合が生じにくいことにより、肥料散布機に共同利用や共同購入の動きが見られ、年間利用回数が少なく特定用途性の高い収穫=脱穀機、集草プレス機、大型トラクタなどにも同様の傾向が見られた[25]。

表V-5　オート=ザルプ県におけるトラクタの所有と利用の状況（1970年）

馬力	台数		トラクタ利用経営数	
	所有	共同所有	トラクタ所有経営数	トラクタ非所有経営数
25馬力以下	1,190	60	1,176	296
25-34馬力	1,155	61	1,124	518
35-49馬力	1,274	70	1,215	910
49馬力以上	295	17	269	1,255
合計	3,914	208	3,784	2,979

出典：Chauvet et Pons（1975）, p.461より作成。
注：トラクタ非所有経営は共同所有のトラクタや協同組合所有のトラクタを利用したり借りたりしている経営を指す。

V　他給依存性の深化と収益の強迫

とはいえ、やはり、利用時期のバッティング、費用分担の複雑性、農業機械の維持管理における無責任性により、必ずしも、こうした機械の共同利用はあまり広がらなかった。むしろ、個人主義的な傾向が見られ、あるいは作業委託が選好された。ただし、農業機械の個人所有により過剰投資が誘発され経営費を強く圧迫するケースも生じたため、規模拡大により投資とのバランスを取ることが必要とされた[26]。

畜舎の整備に関しては、1966年から1971年の間に県で353の事業が実施されている（表V-6参照）。それにより搾乳機、自動給水機、厩肥排出機構などを備えた施設が整備された。その費用は合計約2,258万frで、その34%程が補助金によりまかなわれた。羊舎に関わる事業が63%近くを、牛舎が30%弱を占め、後者は、乳牛向けのものと肥育牛向けのものとがそれぞれ

表V-6　オート゠ザルプ県における畜舎の整備
（①1966年から1971年と②1972年から1974年）

①1966年から1971年

家畜種	計画数	工事費（fr）	全体に占める割合（%）	補助額（fr）	工事費に占める補助の割合（%）
ウシ	112	6,771,916	29.99	2,368,052	34.97
ヒツジ	220	14,196,866	62.88	4,901,879	34.53
ブタ	19	1,385,471	6.14	420,400	30.34
ヤギ	2	225,009	1.00	74,725	33.21
合計	353	22,579,262	100.00	7,765,056	34.39

出典：Chauvet et Pons（1975）, p.463より作成。
注：全体に占める割合の各欄を足し合わせても100.00%にならないが、四捨五入をしているためである。

②1972年から1974年

家畜種	計画数	工事費（fr）	全体に占める割合（%）	補助額（fr）	工事費に占める補助の割合（%）
ウシ	25	2,255,068	41.96	641,876	28.46
ヒツジ	28	2,712,686	50.48	764,718	28.19
ブタ	3	406,000	7.56	38,200	9.41
ヤギ	0	0	0.00	0	
合計	56	5,373,754	100.00	1,444,794	26.89

出典：Chauvet et Pons（1975）, p.463より作成。

おおよそ半分ずつであった。豚舎もわずかながらあり、山羊舎も2施設が建設されている。1972年から1974年には計画数が減少し、整備のペースが緩やかになっているが、1事業あたりの費用自体は増加し、にもかかわらず、牛舎や羊舎の事業補助率は約28％にまで低下した[27]。

2 トラクタの導入とその影響

こうしてオート=ザルプ県の農業が近代化していく中で、トラクタこそが、その変化の象徴であった。その与えたインパクトは労働の面や経営の面だけではなく、心理的な面にも及んだ。オート=ザルプ県におけるトラクタの導入と、それが農業や生活、心性にまでもたらした影響について、39人に対する聞き取り調査をアルプ地方口承センターが実施している。そこに多くの情報を見出すことができるので、それを中心にして検討をしよう[28]。

(1) トラクタ導入以前の状況

トラクタ導入以前の農作業は非常に厳しく、それでいて効率や生産性は低位にとどまっていた。県中部レアロンのジョゼフ・ペロンによると、穀物、干草、マメ類の栽培や収穫には長柄の鎌や半月鎌が利用されたり、あるいは人間の手により実施されていた。菜園では鋤が、耕起作業はロバと木製農具が使われていた。干草の運搬もロバによっていたが、50kgあるいは60kgを運搬できるにとどまり、それ以上は無理であった。ギャップ近郊のジャン・ミシェルは2頭のウマを持っており、播種は手作業であったが、ハローイングにはそのウマを利用し、収穫には草刈り機や収穫=結束機をウマに引かせていた。ただし、耕起作業には2頭では足りないため、近隣から借りてあわせて4頭のウマを使って実施していた[29]。

動力草刈り機や動力耕耘機などは、狭小な農地や山岳地に向いていたがゆえに1940年代末には導入されていた[30]。シゴワイエでは播種機や送風ベ

88

ルトコンベア、厩舎の自動給水器、搾乳機械などもすでに導入されつつあった[31]。トラクタの導入が進む以前にすでに農業における動力化は始まっており、農作業の厳しさを漸次的に緩和しつつあったのである。

しかし、それでもなお、トラクタの導入こそが真に革命的なものであり、農業における技術進歩のシンボルであった[32]。それ以前の動力化や機械化の進展、農具の改良の程度には地域や経営による差が見られたが、いずれにせよ、トラクタの導入こそが生産力や効率性を飛躍的に向上させたのであり、労働のあり方だけではなく、農業のあり方や経営のあり方も大きく変化させたのである。

(2) トラクタの段階的導入

オート=ザルプ県においてトラクタの普及は段階的に進んだ。ガソリンも含めて行政が問題として認識するも、1953年まではトラクタは高価であり、そもそも台数も少なかった。しかし、1954年の春に15％の価格低下があり、普及に向けた機運が高まった。1956年には実際に普及が進むようになり、特に若年農業者の間で導入の動きが広がり始め、1960年代にブームを迎えるに至った[33]。

トラクタの導入には地域的な段階性も検出できる。1940年代末には、その普及はギャパンセ地域や県西部ビュエッシュ川流域に限られていたが、1950年代には西北部デヴォリュイ地域や中北部シャンソール地域でも普及し始め、次第にデュランス川に沿って北東方向へと広がった。県東北部では、1964年まではほとんど普及しなかったが、やがて、ようやくブリアンソネ地域にまでその動きが及んだ[34]。

県西部では果樹栽培において早くからトラクタが導入されていた。1950年代にはすでに果樹園開発はウマでは不可能で、トラクタが不可欠とされていた。県南西部ヴァンタヴォンのルイ・ブラシェは、トラクタにて果樹のスムーズな発展が実現し、それによりヴァンタヴォン地域では土地整備や植樹が可能になったと述べている。ギャップのレオ・オールーズも果樹

列間耕耘などでキャタピラトラクタが高く評価されていたとしている。県西部モンモランのアルレット・セラトリスも、その地で父親が長くナシの栽培をしていたところ、トラクタによりリンゴ、プラム、サクランボをも導入し、規模の面で経営を全く異なるものにしたと述べている。加えて、同じく県西部ウール川流域で1950年にクルミの虫害が発生した際に、硫酸銅溶液散布機や高所噴霧散布機とともにトラクタを組合が購入し、それにより被害への対応が可能になったとも述べている[35]。

　トラクタは共同購入や共同利用による導入もされた。県西部エピーヌで最初のトラクタは1945年に7人の共同購入によるもので、他に中北部サン=ボネや東部アルヴィウーでもトラクタの共同購入のため農業機械利用協同組合が結成されている[36]。シゴワイエでは、トラクタの導入は、次第に個別によるものへと変わるが、まずは協同での試みから始まった[37]。

　もっとも、トラクタの共同購入や共同利用は必ずしも首尾よく実現できたわけではなかった。実際、1945年から1964年までに県全体で見たところ、30程度の協同組合による45台の取得にとどまった。県東北部モネティエ=レ=バンでは相互の不信感により共同購入は実現しなかったとされ、モンモランでも共同でトラクタが購入され、1950年頃には他コミューンからの参加者も得つつ地域のクルミ園の害虫駆除に活用されたが、しかし、料金を支払うことなく利用する濫用者が出るなど管理が十分に行き届かなくなり、結局のところ、解散したということである[38]。

(3) トラクタ導入の動機と作業面での効果

　トラクタ導入の動機について1950年に山岳地（フランス南東部サヴォワ地方や中南部の中央山塊）を含めたフランス各地の500の農業経営を対象に、フランス農村経済学会が調査を実施している。そこでは技術的動機や心理的動機が挙げられており、まず後者は、トラクタが、他者に見える形での進歩のシンボルであったとの指摘がある。それほどの顕示性がない化学肥料、選抜種子、合理的飼料の利用とは異なる特徴である。加えて、後継者

　　　　　　　　　　　　　　　　　　　　　Ⅴ　他給依存性の深化と収益の強迫

を経営に止め置くため、その意向を踏まえたトラクタ購入の動きも指摘されている。導入への若年者の影響の大きさが窺える[39]。

　こうした心理的な動機に関しては、アルプ地方口承センターの調査でも聞き取りがされている。ジャン・ミシェルは、トラクタによって近代的な社会に、もしくは20世紀のフランス社会に入ることが可能になったと述べている。その導入により、貶めた価値を帯びる呼称である農民（paysan）ではなく、農業者（agriculteurs）になり、あるいは、砕土具の溶接のために鍛冶屋に行く代わりに農業機械販売店に行くようになることで周縁化された存在ではもはやなく、他と同じ社会的位置付けとされると述べている[40]。トラクタを導入することで、いわば他の職業と同等の社会的承認を獲得できるということであり、従来、貼り付けられていたレッテルを剥がそうとの心理に繋がるものといえよう。このような社会的参入に関わる心理的な側面にもトラクタの意義を認めることができるのである[41]。

　そして、他方、1950年の調査で技術的な動機として挙げられているのは、作業の迅速化、労苦の軽減、気象条件の不順の回避、牽引力の向上、労働力の節約などである[42]。

　こうした点に関しても、アルプ地方口承センターによる調査で聞き取りがされている。例えば、マルセル・エローは草地の耕起作業について、ウシで1日半をかけていたのが、トラクタによると午前中だけで終了したとしている。レイモン・メルルも、ウマで1日かかっていた草刈が大型トラクタでなくとも半日もかからなくなったと述べており、あわせてトレーラを利用することで、草地からの運搬往復時間も短縮されたとしている[43]。

　他にも、トラクタは耕起と牧草の収穫に利用されるとともに、果樹栽培の発展促進や湿地の整備ならびに各種輸送など、いろいろな用途に向けることができ、さらには、大型脱穀機などの動力源としても利用されており[44]、こうしたところでも、トラクタによって作業効率が向上し、労力の軽減に結びつくとともに、そもそも人力や畜力では不可能な整備作業や運搬作業をも可能にしたのである。

さらに、トラクタの導入より派生して、従前にはかなりの時間や労力を割いていた役畜の世話の省略について調査の中で聞き取りがされている。ギャップ近郊のミシェル・オルシエールは、ウマは世話や繋駕の作業を要するだけではなく、水道のない時代には泉まで水を飲ませに連れていかねばならず、それもかなりの時間を要し、また、馬具を製作するのにも時間を要したと述べている[45]。トラクタを導入すれば、以上のような作業が必要でなくなるため、労苦の軽減や作業の迅速に繋がったのである。

　加えて、オルシエールは、トラクタは発進も停止も意のままであり、それに対してウマは驚いたり、暴走したりすることもあり、その点でもトラクタ導入は大きな変化であったと述べている[46]。例えば、昨今の複雑なパーソナルコンピューターやスマートフォンなどを利用していると、実際には機械をスムーズに作動させることにもかなりの習熟が必要ではないかと思われるところであるが、しかし、それでも、機嫌を伺う必要がある役畜よりは制御が容易になったのであろう。

　マルセル・エローは、ウシやウマを利用していた頃には、昼に腹を減らすがゆえに農具を外す必要があったところ、トラクタであれば、その様な必要はなく、1時間余りで終了するがゆえに、より簡便で負担が少ないと述べている[47]。役畜を利用していた頃には作業を半日で終わらせることができず、どうしても間に飼料を与える必要があり、それをもって農具を外すという表現を使っているのであろうが、それも含めて役畜利用には手間がかかっていたところ、トラクタであればそれを割愛することができ、よって、その労苦を軽減することが可能になったのである。

　しかも、エローは、耕起作業等でウマを使う場合には女性がウマを誘導する役割を果たしていたが、トラクタ導入によって、その役割がなくなったとの指摘もしており[48]、彼女らの時間の使い方にも変化が生じたことが窺える。

　ミシェル・メルルはトラクタにより農作業時間が短時間で済むようになったため、かえって合間の空き時間がなくなってしまい、その空き時間

を休憩に充てていたところ、それが不可能になったと述べており、県中北部サン＝ローラン＝デュ＝クロのマックス・ロバンも同様の指摘をしている[49]。

レイモン・メルルは、先に触れたようにトレーラ導入により、草地からの運搬往復時間が短縮されたと指摘しているが、それによって、牧草束を作る作業が時間的に間に合わなくなりバインダーを購入することになったと述べている[50]。トラクタ導入から波及してバインダーの導入が要請されており、農業者の時間の使い方だけではなく、農業経営における技術体系にまで影響と変化が及んだのである[51]。

(4) 経営のあり方の変化

トラクタの導入は農業経営のあり方にも変化を生み出した。複合経営において機械を導入しようとしても全ての作目について導入することは現実的ではない。畜舎も複数の畜種のために建設することは経済的な負担が大きく困難である。こうした事情に、家族にせよ経営外からにせよ、労働力の確保が難しくなりつつあったことも加わり、自給用穀作や菜園は機械化による効率化が図られることなく放棄に向かい、ひいては作目の減少と経営の専門化の傾向に繋がった[52]。

例えば、ジャン・ミシェルによると、トラクタ導入以前には自給志向の小規模複合経営が一般的であり、ミシェルの両親の経営もそのようで、些少な肥料や資材を外部から買うことはあっても、機械化は限定的で、メインテナンスの必要があれば、わずかに地元の鍛冶屋を呼ぶぐらいであったのが、1950年代末に「大きな革命（grande révolution）」が始まり、まず、動力耕耘機が導入され、1958年にはトラクタが購入され、こうした動きをきっかけに、将来の家族生活等にも鑑みた酪農経営への専門化が進められていった。まずは、ウマの飼育をやめることから始め、ウサギ、雌鶏、菜園、ブドウを逐次的に放棄した。こうした動きは、ミシェル本人はともかく、その父親にとっては、それまでの生き方からの完全な転換を意味して

いたため、彼にとってトラウマにならないように説明を要したとのことである[53]。

　また、条件に恵まれない農地の放棄が進んだ。県東部クレヴーのローラン・パスカルは、その親の代の経営は標高1,600mから1,850mの地に所在していたが、トラクタで高所にまで上がるのは危険であったため、山岳草地での作業をもはや実施しなくなったと述べている。同じく県東部アブリエスのピエール・フランダンも、ウマやラバで堆肥を運搬していたような高標高農地は、以前には、そこでライムギを栽培していたのを、それを放棄し、放牧にのみ充てるようになったと述べている。レアロンのロジャー・ボスクはトラクタの登場で耕地が50％減少したとしており、それはトラクタが到達できるところでのみ耕作をするようになったからとしている[54]。ジョゼフ・ペロンは、トラクタ導入により耕作は、それが容易な平坦地片でのみとなり、傾斜地ではウマゴヤシの栽培がされていたところ、やがて自然草地へと転換し、最後には放牧地に転じたと述べている[55]。トラクタ導入により傾斜地が放棄され、低標高地に所在する平場の農地だけの利用へとあり方が変化したのである。

　他に、トラクタ導入の頃に農業経営が伝統的なものから大きく変化したとの指摘もされている。モネティエ゠レ゠バンのギベルト集落に居住するアンリ・シャンセルはトラクタと新しいタイプの農業の到来による「山岳地の農業の終焉」に立ち会ったと述べていたり、「トラクタが農業の死を画した」と述べている。従来は、耕地の維持管理をしたり、用水路が存在し、穀物の栽培をしていたところ、トラクタ導入により山岳地の維持管理が放棄され、残ったのは畜産だけとなり、それもそこでは干草を集めるだけになり、しかも以前は1tもの量であったのが、100kgにとどまるようになり、かわりに外部からの購入に頼るようになったとしつつ、こうした変化により、農作業が、いわば採集活動になり、土地の維持管理を積極的に行うよりも、土地が産するものを受け身的に集める活動へと変化したとするのである[56]。

V　他給依存性の深化と収益の強迫

1960年代に生産主義的農業が登場し、特に最も脆弱な山岳地の小経営を消滅させたとしつつ、シャンセルは、そこに「農業の終焉」を見出している。後継がほとんどなく、灌漑は放棄され、耕地の放棄も進み、残された者は機械などの設備を導入するが、しかし、トラクタは導入されても耕作に利用されるのではなく、草刈り、結束、運搬に利用されるのみであり、しかも他の時期には稼働することがなく、年間10か月も役に立たずにいると指摘しているのである[57]。

(5) 景観・環境・生活への影響

畜力による経営に比べてトラクタを導入した経営には、経済性の観点に加えてトラクタの操作や通行の観点からも規模拡大が必要になり、ひいては、そこから農村景観の変化が生ずるに至った。地理学者ムースティエは、すでに19世紀半ばから耕地が減少し、牧野が増加する傾向が生まれていたとしつつも、1955年頃より、より急速で深い経済的技術的変動が生じたため、景観の変化が加速されたとしている[58]。

シャンソール地域では散水式灌漑とともにトラクタの導入のために交換分合が必要とされ、それにより垣根にて地片を囲うボカージュという特徴ある景観に変化が生じた[59]。県東部サン=タンドレ=ダンブランでも、以前には地片が非常に小さく、ロバでアクセスできてもトラクタでは無理であったところ、交換分合が実現することにより、ひいては散水式灌漑の導入や栽培牧草の収益向上までもが実現した[60]。

ただし、モンモランやブリアンソン北小郡などでは交換分合の実現にまでは至らず、セルヴィエールでは小地片を維持したまま100馬力のトラクタが導入された。県中北部サン=フィルマンでは組織的な交換分合はされなかったが、農業経営が28存在していたところ、その多くが消滅する過程で相対による貸借や交換が進み、IVDの促進作用も相まってトラクタによる作業に十分な規模を実現できたとのことである[61]。

また、トラクタの導入は自然環境にも影響を及ぼした。以前は草刈り等

95

で野生のノウサギやウズラの巣を発見した場合、それを森林等に戻すことが可能であったが、トラクタなどの機械化が進むと、それが実施されなくなり、ひいては野生動物の生息に影響が生じたとのことである[62]。

　そして、トラクタの導入に伴い生活や近隣関係にも変化が生じた。住み込みの奉公人などが消滅し、家族の生活が変化した。家族内関係は緊密になるも、地縁関係は逆に疎遠になった。それでもトラクタが普及し始めた頃や従来の農機具を自分たちで修繕できていた頃には、近隣関係はまだしも存在していたが、コンバインの登場でそれもなくなったとされている。テレビと並んでトラクタが共同作業を破壊したとされたり、世代間の懸隔を広げ、コンヴィヴィアリテ（共歓）や交流を切断したとの指摘もされている[63]。

3　トラクタの導入と収益の強迫

　トラクタは作業の効率化、労働負担の軽減、経営の専門化、傾斜地や高標高地の放棄などオート=ザルプ県の農業において大きな変化を生じせしめたが、人力や畜力に比べ大きな生産力を発揮できることから経営の前進や所得拡大、ひいては農業者の生活における物質的な豊かさを実現しうるものでもあった。しかし、同時に、先端的技術であったがゆえにトラクタの導入には経済的なコストの問題が孕まれていた。こうした点について次に見よう。

（1）トラクタの価格

　トラクタの導入に際しては、補助がされたとしても、なお相応の支払いが必要であった。1940年代後半から1960年代において機種や年代によって変動があるものの、現在の貨幣価値に換算するとおおよそ1万€から2万€の価格であり、それより低価格のモデルも存在したが、あわせてプラウ（現在の貨幣価値で約1,500€から約2,500€）、トレーラ（同じく約6,000€）、水平

Ⅴ　他給依存性の深化と収益の強迫

カッターバー（同じく約2,000€）など付属品を揃える必要もあり[64]、加えて、燃料価格の動向も影響を与えていた[65]。

　トラクタ以前に牽引用に利用されていたウマは、第2次世界大戦直後、不足気味であったことから、その価格は高く、他方、トラクタは、政府による割り当てや事実上の補助もあり、その価格はせいぜいウマの2頭から3頭分程度に押さえられていた。しかし、1946年にウマが13万frであったところ1950年には8万frに低下するも、トラクタは幅があるものの価格が10万frから24万fr程度であったのが、1950年には55万fr程度から109万frにまで上昇した。ウマを売却し、トラクタに買い替えることがますます困難になったのである。農業の近代化政策が始まろうとする1958年頃でも、トラクタの価格はウマの価格の10頭分に相当するとされており、要するに、ジャン・ミシェルが言うように「非常に高い」のである[66]。

　賃金との比較では、1959年のこととして、1日10時間、月に250時間から260時間の労働に従事する石工の1年分の給金に相当するとされ、あるいは、その見習の18か月分の収入に、もしくは1964年のこととして、ヒツジ飼い4年分の給金に相当するとされている[67]。

(2) 借り入れの必要

　このようなまとまった金額の支払いは、オート＝ザルプ県の大多数の農業経営者には端的に言えば射程外であった。確かに、果樹栽培による収益、あるいは兼業や出稼ぎによる蓄えのある者など自己資金によりトラクタを取得できる者も存在したが、あったとしても運転資金に回すための貯蓄しか手元にはなく、投資に回せる余裕がない者やそうした蓄えもない者には別ルートでの資金調達がなければ購入は不可能であり、つまるところ信用に頼ることになった。

　信用においては農業信用金庫（Crédit agricole）が大きな役割を果たした。例えば、1960年に中古のトラクタを購入しようとしたジルベール・ディーは、その金額が非常に大きなものであったと強調しつつ、よって借り入れ

に依拠せざるを得ず、実際、多くの者が農業信用金庫を頼っていたとしている。そこでは、時期や制度の有無などにより相違があるが、1％から2％程度の低利にて借り入れが可能であったのである[68]。

1950年代末に35馬力のトラクタをレアロン・コミューンで最初に購入したベルナール・マルセイユは、年齢20歳ぐらいの頃に農業信用金庫より1％の利子にて175万frを借り入れている。ただし、実際には父親が彼の名義を借りたとのことで、詳細は不明であるが、その父親がアメリカ滞在時に稼いだであろう蓄えで返済したということである[69]。

フランソワ・ブリュネの父は、1960年代初めに、セルヴィエール・コミューンで最初のトラクタを購入をしている。ギャップのマッセイ・ファーガソンの代理店アルプ・トラクタでのことで、ブリアンソンの農業信用金庫から借り入れをしている。フランソワが22歳の時で、他に比べて4年から5年は先駆けていた。移動や運搬の労苦に鑑みて父親が購入を決断したのである。借り入れは、この親子にとって初めてで、返済に困難がなくはなかったが、トラクタの導入により、多くの干草の運搬が可能となり、それによって、家畜の増加も可能となり、収支の均衡を取ることができたとのことである[70]。

ギー・レノーは1972年に22歳にて馬力の大きな4輪駆動のトラクタを発注している。父親には無断であった。若年者がトラクタ利用のイニシアティブをとっていたのである。それにあたり150万frの10年貸し付けを受けており、利子は2％であった。10年間の支払いが必要でも不満はなかったとのことであるが、ただし、同時に、具体的な詳細を語っているわけではいないが、レノーは、これにより借り入れの歯車装置（l'engrenage）に巻き込まれることになったとも述べている[71]。

隣人の動きを見てトラクタを導入しようと考えたロジャー・ボスクも、それが非常に高価であり、しかも、その時期には経営自立に向けた補助がまだなかったため、それに頼ることができず、信用に頼ることとなり、それをしてボスクは「信用の罠に嵌められ始めた（on a commencé à se faire pièger par les crédits)」と述べている[72]。

信用に依拠しつつトラクタを導入し、それにより経営を前進させようとする者も存在した。しかし、低利であっても借りたものは借りたものである。その返済は迫られる。経営を前進させることができたとしても、その負担が重荷となるケースも発生した。

(3) 収益の強迫

トラクタ購入のために借り入れに頼れば、やがて、その返済が迫られる。ジルベール・ディーは次のように述べている。

トラクタを入手して最初の何年かは、借り入れの返済について絶え間のない不安（d'angoisse permanente）を両親が抱えていた記憶がある。オープンな形で話をすることはなかったが、それは非常に感じられた。帳尻を合わせなければならなかった。小さい経営に過ぎず、足りないものはなかったが、資金だけは足りなかった[73]。

確かに、「子ヒツジの販売が良好であれば収入の補完を計算に入れることができる」ので、足りない資金を補うことができる。しかし「雌ヒツジの3頭、4頭にブルセラ症の感染が発生し、子ヒツジの生産ができなくなるだけで、資金は煙のごとく消える」のであり、このようなリスクに晒されながら、返済が完了するまで子ヒツジの販売を続けなければならないのである。あわせて、詳細は不明ながら、ジルベールの祖父母における分割不履行の問題も抱えていたようであり、さらに農業用施設の維持も大きなコスト要因になっており、そうした中でトラクタ購入による借入金の返済をせねばならなかったのである[74]。

規模拡大にて対応を模索する道も選択しうるが、しかし、ジルベールによると、居住コミューンであるサン＝タンドレ＝ダンブランでは、かつては多くの経営が存在していたため、その選択は可能ではなく、そうした状

況の中、「家族は多く、4人から6人の子供がおり、彼らを学校や高校に、あるいは見習いに出すことを望んでいたが、しかし、機械の購入は非常に高くつき、それを経済的に見合わせるには販売が弱く」、そのため、「家族の中の苦悩は大きく、すべては資金の問題の周りをまわる」ことになったのである[75]。

　ジャン・ミシェルは、経営規模と関連付けながらトラクタのモデル選択を検討するだけでなく、「「信用の罠」に落ちる（tomber dans le <<piège du credit>>）」ことを懸念して、1年を費やして資金面の検討もしている。トラクタを導入すると自給的農業から企業的農業へと転換をすることになるが、それは「十分な習熟が必要なシステムに入ることになるので、成り行きに任せていると漂流してしまうリスクが大きかった」がためである[76]。資金や経営に関する計画性なく、場当たり的に事を進めていると、債務不履行が発生し、経営自体が破綻しかねないというわけである。

　しかも、ミシェルの父親は、経営を上手く指揮し、家族の良き父ではあったが、機械化のための資金は準備しておらず、ミシェル自身にも貯蓄はなく、ゼロからのスタートであった。よって、農業信用金庫に頼ることとなったが、その返済について「心配は永続的であった（la préoccupation était permanente）」と吐露している[77]。

　この永続的な心配に対応するために、ミシェルは、上に触れたように企業的農業への転換を決断したのである。具体的には2頭の雌ウシの牛乳を事前販売するシステムに入る決断をしている[78]。このシステムがどのような内容のものであるか詳細はわからないが、借入返済のために収益が必要になる中、現金を獲得するべく事前契約に基づく形での牛乳生産が求められる、その様なシステムに入り込んでいったのであろう。

　加えて、ミシェルは、返済の寄与とするために、外部からの作業受託もしており[79]、これも同じく詳細は不明であるが、上記の永続的な心配に対応するための現金確保の必要から生じた収益獲得行動と捉えることができよう。

V 他給依存性の深化と収益の強迫

　そして、こうした対応を取らせたのがトラクタの導入であった。その購入には現金が必要であり、それには収益獲得が必要となり、経営に対するその強迫へと繋がった。蓄えがないままに大きな額が必要となれば、借り入れを通じた調達が必要になる。借り入れをすれば返済をせねばならず、その債務履行義務は経営に対する収益強迫の強化に繋がった。Ⅲ章で触れたが、犂先であっても自給は困難で他給依存性を免れ得なかったところ、トラクタであれば、自給は全く不可能である。こうした自給不可能性に由来する他給依存性の拡大深化により、農業経営が収益強迫下に置かれ続けるものへと転化したのである。トラクタは、こうした転化を推進するものとして典型的なものであった。金融の回路とあわさりつつ、収益強迫のメカニズムが作動と強化を始めたのである。

　なお、たとえ収益強迫のメカニズムが作動したとしても、十分な収益を実現できるかどうかはまた別の話である。例えば、ミシェル・オルシエールは、ウマを売却し、3頭を飼育していた乳牛を6頭あるいは7頭に増やし、バターの製造に代えてネスレ社に牛乳を供給するような転換を実現したが、収益が上がったわけではないとしている[80]。ギー・レノーも「機械化は数年の猶予をもたらしただけで、それによってうまく切り抜けることができたわけではない」としている。また、ピエール・フランダンは山岳地において農業は本当の意味では収益が上がらないとしている[81]。確かに濃淡は存在するものの、基本的には山岳が優勢であるオート゠ザルプ県では、人為では乗り越えがたい自然的条件不利性に総じて見舞われており、そうしたことも相まってやはり収益の獲得が困難であったのである。

　もっとも、フランダンによると、窮地を脱することができた者もおり、それは家畜を多く所有していた者であったとのことである。ただし、それは、ウシなりヒツジなりを飼育することで一定の補助金を獲得できたからであり、それなしには、やはり無理であったとされている。レオ・オールーズも農業者の生き残りには県会や農業会議所の支援が必要であるとしている[82]。ジャン・ミシェルは、多くの人はあえて言わないが、そして、

ジャン・ミシェル自身が該当するわけではないとしているが、農業者に関わる老齢給付（おそらくIVDのことであろう）が借り入れ返済に役立ったケースが多いと述べている[83]。とはいえ、補助金に頼らざるを得なくなるとしても、それだけで全てをカバーできるとは限らない。やはり、何らかの形で収益獲得が必要であったと考えられるのである[84]。

(4) 小括

人力や畜力による農業に比べ、トラクタによる農業では、その生産性向上は確かであり、経営を前進させうるポテンシャルを持つものであった。しかしながら、その大きな導入コストにより、自らで資金を準備できないケースはありえ、その場合、信用の歯車に巻き込まれることになりかねなかった。返済のためには収益を上げなければならない。しかし、オート＝ザルプ県の条件不利性も相まって、それは、必ずしも容易ではなかった。が、それでもなお、債務履行は迫られ、収益が強迫される。経営の前進を通じて物質的な豊かさをもたらしつつ生活を向上させうる先進技術が、かえって農業者の経営と生活を苦境に追い込んでしまうのである。自給不可能性と収益強迫の回路を通すことで、それが経済的にも精神的にも農業者を削り取るものへと顛倒的に転化することが生じたのである。

3 他給依存性の深化と収益の強迫

(1) 経営における他給依存性の深化

第2次世界大戦後、フランスでトラクタの利用が拡大し、オート＝ザルプ県においてもその導入が進められた。それにより作業の効率性や労働の負担軽減が実現した。しかし、自給不可能な生産要素の導入により、農業経営における他給依存性が深化した。それが収益の強迫に繋がり、金融の回路を通して、その強化に繋がった。そして、実際のところでは、トラク

V 他給依存性の深化と収益の強迫

タだけではなく、近代的な畜舎など施設の建設や、化学肥料、農薬の利用拡大などによっても、同じように他給依存性深化のメカニズムが働いたと考えられる。

例えば、都市部での生活水準の改善により肉とバターの需要が拡大することでウシの飼育にビジネスチャンスが生まれるとともに、役畜としてのウマが不要になることで、飼料と労働力をウシの飼育に融通する余地が広がり、ウシの飼育頭数の増加が可能になったが、やがて、飼料の必要がさらに拡大し、夏季放牧だけではなく厩舎での飼料もまた求められるようになり、それをカバーするために農業関連企業つまりはアグリビジネスによる製品が多く利用されるようになったとの変化が指摘されている[85]。需要の変化に対応するべく畜産を変化させたところ、飼料に関わる他給依存性が拡大したのである。

あるいは、他給依存的技術の浸透が派生的に地域内の経営における他給依存性深化を促進したことも窺える。シゴワイエにおいて役畜が減少するとともに機械が導入されるようになると、従来なされていた鍛冶屋による対応では困難なスキルが必要とされるようになり、ひいては鍛冶屋の継続そのものが困難になり、その撤退が生じたことがランボーにより指摘されている[86]が、その場合、鍛冶屋が撤退すると逆にその付近にて役畜を維持することが困難になり、やむを得ず、機械の利用への転換を余儀なくされる事態が発生したのではないかと推察できる。機械化が進行することで鍛冶屋の経営が成り立ち難くなり、その撤退が生じ、それにより、役畜利用が残されていたとしても、鍛冶屋が撤退してしまえば、今度は、その役畜利用が成り立ち難くなり、ひいては、機械化を半ば余儀なくされるような、いわばスパイラル的な相互作用的転換メカニズムが働くことで、その地域において他給依存性が波及しつつ深化したのではないかと考えられるのである。仮に、それを回避するべく、従来のように役畜の利用を望むとしても、鍛冶屋が撤退してしまっていれば、それはもはや可能ではない。農業経営者の意志とは別に、いわば事物の力により農業機械の導入を余儀

103

なくされるメカニズムが始動したのではないかと考えられるのである。

　トラクタや農業機械、近代的施設や購入資材、購入飼料などにより農業の近代化が推し進められ、生産の増大や効率性の向上が実現した。しかしながら、それらは、資本集約的な重化学工業などによってはじめて生産されうるものであり、農業経営の中では自給できない。確かに何らかの形での補助はあり、オート=ザルプ県のような条件不利地では、むしろ不可欠ともいえるが、それでも、それは費用の全額をカバーするとは限らない。何らかの形での負担は残る。すでに19世紀にも他給依存性から免れることができていたわけではないが、それでも、可能な限り他給依存性を回避しようとの行動が見られた。しかし、20世紀には、特に戦後、経営が近代化していく中で、他給依存性を余儀なくされるメカニズムが、より強く、構造として発動し、そうしたメカニズムの影響を受けてしまうがゆえに、農業経営において収益追求が余儀なくされていった面が存在していたことが十分に考えられる。そして、金融の回路を通すことにより、借入返済に迫られる形も取りながら、収益が強迫される契機もまた拡大していったであろうことも推察できるのである。

(2) 生活における他給依存性の深化

　農業経営における収益の強迫の契機拡大は生活の近代化の進行とも関連していたと考えられる。シゴワイエにおいて生活の近代化が漸次的に進行し、他給依存性深化の兆しが見られたことを前章で指摘したが、そうした動きは戦後ももちろん進行した。1950年代末にはすでに3戸の農家のうち2戸が自動車を1台所有するようになり、他にも、ラジオ、電話、テレビ等が普及した[87]。これらは、自給が可能なものでは全くなく、他給依存的にならざるを得ず、よって、収益が必要となる。やがて他の生活用品も同様となり、あわせて収益強迫の契機拡大へと繋がったであろう。

　先に、トラクタ導入における心理的な動機について非農業部門との平衡が追い求められていたことに触れたが、生活の物質的な水準に関しても同

様の構図が当てはまっていたと考えられる。都市住民並み、あるいは非農業者並みを実現することが、社会的な承認や関係構築に関連しながら求められ、その実現には農業経営では自給し得ない生活用品が必要となった。となると、そこにはどうしても他給依存への契機が孕まれることになる。ここにもまた農業経営に対する収益強迫に繋がる道筋が孕まれていたのである。

(3) 他給依存性の深化と収益の強迫

　生活でも経営でも他給依存性が深化し、それに伴い、農業経営における収益追求の必要が生じてくる。経営において大きな投資が必要となり、生活においても水準の維持向上のためにそれなりの現金が必要となる。ましてや、望んだとしても諸物資の自給が構造的に不可能となり、他給依存せざるを得ないのであれば、収益を志向せざるをえなくなる。それに当たり金融の回路を通すことになれば、返済期限とともに収益が強迫される。自動車や各種家電製品が奢侈的な贅沢であるとか、農業機械などが経営規模に見合わない過剰投資であるとか、そうした側面も含まれるのかもしれないが、むしろ、重要なのは、構造的なメカニズムの中で、そうしたものを導入していくと、連動するかように収益の強迫機構が働くことである。トラクタの導入が象徴的ではあるが、しかし、他の農業生産要素や日用生活品なども同様に、メカニズムとして他給依存性を帯びることで、農業経営が収益志向へと方向付けられ、ひいては、それが強迫されることにも繋がりうる。経営や生活を前進させうる変化が、かえって、経営や生活を圧迫する結果をもたらすことに繋がりえたのであり、このように顛倒した道筋へと農業者をドライブしてしまうことが生じえたのである。

●注
１）この時期のフランスの農業の動きに関する基本文献として、前後の時期もカ

バーするものも含むが、Gervais et al. (1976), Moulin (1988), pp.211-254, Alary (2019), pp.275-397, ライト (1965)、トレイシー (1966)、299-314頁、ジェルヴェ他 (1969)、マンドゥラース (1973)、ル・ロワ (1984)、セルヴォラン (1992)、76-108頁などがある。また、この時期のオート＝ザルプ県の農業の動きについてChauvet et Pons (1975), pp.445-525を基本的な文献として挙げることができる。

2）この時期のフランスの変化に関する基本文献として、前後の時期もカバーするものも含むが、長部 (1995)、福井 (1995)、小田中 (2018)、18-93頁を挙げることができる。

3）SAFERについて、とりあえずセルヴォラン (1992)、98-99頁を参照。

4）Chauvet et Pons (1975), pp.450-451

5）IVDについて、とりあえずセルヴォラン (1992)、97-98頁を参照。

6）Chauvet et Pons (1975), pp.451-453

7）セルヴォラン (1992)、99頁。

8）参照面積は対象地域の農業経営の平均面積であり、自立最低面積はその2倍に設定されている。オート＝ザルプ県では、南西部で参照面積が17haあるいは16haに、よって自立最低面積が34haあるいは32haに設定されているが、それに対して県東部ならびに中北部では参照面積が10ha以下に、よって自立最低面積は20ha以下に設定されている（Chauvet et Pons (1975), p.453）。

9）初期の共通農業政策や農業共同市場の設計に関してはトレイシー (1966)、351-361頁を参照。より広い時期をカバーするものに例えばフェネル (1999) がある。

10）Chauvet et Pons (1975), p.469. なお、農業経営の定義について、1929年農業統計では経営規模の下限規定が置かれていなかったところ、1955年農業センサスにおいて普通畑作で1ha以上、特殊作物で20a以上のもののみを対象とするようになり、1970年農業センサスでも同様とのことである（是永 (1993)、315頁）。よって、経営規模の縛りが存在しない1929年農業センサスで対象とされた農業経営に比べ、1970年センサスでは調査対象の範囲が縮小している。

11）農業利用地面積（superficie agricole utilisée：SAU）は、農業経営の経営面積の合計から非農地、森林、非農業利用地、建物等敷地の面積を除いたもので、具体的には、耕地、施設園芸、永年作物、永年草地・放牧地、農業経営者の菜園が含まれる（Ministère de l'agriculture et du développement rural (1973), pp.5-7）。

12）Chauvet et Pons (1975), pp.469-471.

13）Chauvet et Pons (1975), p.467.

14）1970年農業センサスにおける草地（superficie toujours en herbe）は、輪作体

系の中に入らない土地で、牧草が5年以上を占めているもののことである（Ministère de l'agriculture et du développement rural（1973）, p.6）。具体的には自然草地、牧場、放牧地、生産的ヒース地、生産的放牧場が含まれる（それぞれの様子はChauvet et Pons（1975）, pp.488-489を参照）。

15）Chauvet et Pons（1975）, p.488.

16）Chauvet et Pons（1975）, pp.474-475, 484. なお、この時期のオート＝ザルプ県の耕種部門についてChauvet et Pons（1975）, pp.473-488を参照。

17）Ministère de l'agriculture et du développement rural（1973）, p.55.

18）この時期のオート＝ザルプ県の畜産部門はChauvet et Pons（1975）, pp.496-513を参照。

19）この時期の放牧地はChauvet et Pons（1975）, pp.488-496を参照。なお、19世紀後半以降、山岳地の復元・保全事業などで、荒廃した放牧地にも植林等が実施されるが、すべての放牧地が対象になったわけではなく、事業対象とされずに残されたものも存在した。また、国有地とされた牧野の規制が緩和されるなど、そのあり方も20世紀以降、変化している。山岳地の復元・保全事業は伊丹（2020）を参照。国有地とされた牧野の規制緩和の動きはChauvet et Pons（1975）, p.491を参照。

20）Chauvet et Pons（1975）, p.456.

21）Chauvet et Pons（1975）, pp.456-457.

22）Chauvet et Pons（1975）, p.457.

23）Chauvet et Pons（1975）, pp.454-455.

24）Chauvet et Pons（1975）, pp.460-461.

25）Chauvet et Pons（1975）, pp.461-462. 農業機械の共同所有について、例えば、ケラ地域のアルヴィウーで1952年頃に農業機械利用協同組合が創設されており、1974年には、45馬力のトラクタ、集草プレス機、プラウを4万5,000frにて装備することで、10人ほどの参加農業者の機械化コスト低減を実現したとされている（Dumont et Ravignan（1977）, p.250）。

26）Chauvet et Pons（1975）, p.462.

27）Chauvet et Pons（1975）, pp.462-464.

28）より広くトラクタの歴史を扱った基本的な文献に藤原（2017）がある。

29）Le Bonniec et le Centre de l'Oralité Alpine（2014）, pp.25-26.

30）Le Bonniec et le Centre de l'Oralité Alpine（2014）, p.33.

31）Rambaud（2006）, p.210. なお、送風ベルトコンベアは、牧草収穫において最も厳しいとされる納屋への収納作業を廃止した。

32）Rambaud（2006）, p.212.

33) Le Bonniec et le Centre de l'Oralité Alpine (2014), pp.39-40, 44-49. なお、オート＝ザルプ県文書館に所蔵されている1947年から1955年の県農業の状況に関する報告書において、農業機械に関わる講習会や展示会について言及されており、行政が普及を促進しようとしていたことがわかる（Le Bonniec et le Centre de l'Oralité Alpine (2014), p.42）。ただし、トラクタ導入に慎重な層も確かに存在し、役畜と同様の作業ができるかどうかもわからないまま、いつも故障する機械を導入することが、そして、その支払いのために貯蓄を充てるなり、借り入れをすることが、果たして合理的なのかとの考えもあり、特に父親と息子とでは世代間の意見の相違が存在した。トラクタ購入後ですら父親が、故障の際に、あるいはトラクタで不可能な作業のためにウマを購入したがるケースも存在した（Le Bonniec et le Centre de l'Oralité Alpine (2014), p.44）。

34) Le Bonniec et le Centre de l'Oralité Alpine (2014), p.35.

35) Le Bonniec et le Centre de l'Oralité Alpine (2014), pp.117-118.

36) Le Bonniec et le Centre de l'Oralité Alpine (2014), pp.52, 54.

37) Rambaud (2006), pp.210-211.

38) Le Bonniec et le Centre de l'Oralité Alpine (2014), pp.52-54.

39) Le Bonniec et le Centre de l'Oralité Alpine (2014), pp.50-51. なお、もとの調査は、Cépède et al. (1951).

40) Le Bonniec et le Centre de l'Oralité Alpine (2014), pp.148-149.

41) こうしたメカニズムは化学肥料の導入にも生じていたのではないかと考えられるところである。というのも、成分の合理的計算が可能であり、しかも、衛生的な化学肥料を利用することで、他産業の従事者やサラリーマンと相対することができるような心理的メカニズムが働いたことが推察でき、日本についてであるが、産業革命期に都市化の進展による「うんこ」の社会問題化、それへのまなざしの変化、屎尿処理と下肥利用の変化を活写した湯澤規子氏が、渋谷定輔の詩「沈黙の憤怒」を引用しつつ、そこに「都市と農村の明確なコントラスト」を検出し、「それは糞尿とそれを運搬する人を嘲笑する都市からのまなざしであり、それに対する憤怒と自嘲を内に抱えながら田畑を耕す農村からのまなざしの複雑な交差として表現されている」としている（湯澤（2020）、96-101頁）。このような「憤怒と自嘲」が心理的要因として化学肥料を導入する行動に繋がり、ひいては肥料における他給依存性の深化をもたらした一因となったとも考えられるのである。

42) Le Bonniec et le Centre de l'Oralité Alpine (2014), p.50. なお、このうち、気象条件の不順の回避は、原文では、pour se soustraire aux aléas des conditions atmosphériquesとされている。トラクタ導入の作業時間短縮効果により天候不

順や急変のリスク回避がより可能になるとのことと考えられる（Cépède et al. (1951), p.42）。

43) Le Bonniec et le Centre de l'Oralité Alpine（2014）, pp.88-89.

44) Le Bonniec et le Centre de l'Oralité Alpine（2014）, pp.105, 107. このうち輸送は、例えばヒツジ飼い小屋まで必要物資を運搬する場合、塩であればラバで100kg程度にとどまるところ、トラクタであれば1,500kgをも運搬でき、あるいはブルドーザーに向けて軽油をタンクにて運搬したり、木材の搬出や家畜の輸送にも利用されていた。また、トラックが入れないところに砂やブロックなど建設資材を運搬したり、脱輪車の救援や除雪などもされていた（Le Bonniec et le Centre de l'Oralité Alpine（2014）, pp.118-120）。キャタピラ式トラクタにより湿地に排水路が整備されたことも指摘されている（Le Bonniec et le Centre de l'Oralité Alpine（2014）, p.115）。

45) Le Bonniec et le Centre de l'Oralité Alpine（2014）, p.88.

46) Le Bonniec et le Centre de l'Oralité Alpine（2014）, p.88.

47) Le Bonniec et le Centre de l'Oralité Alpine（2014）, p.89.

48) Le Bonniec et le Centre de l'Oralité Alpine（2014）, p.90.

49) Le Bonniec et le Centre de l'Oralité Alpine（2014）, pp.88-89.

50) Le Bonniec et le Centre de l'Oralité Alpine（2014）, p.88.

51) そして、他にも、トラクタ導入により、それ以前と比べ、疲労の質が変化したとの指摘もされている（Rambaud（2006）, p.215）。

52) Rambaud（2006）, p.215.

53) Le Bonniec et le Centre de l'Oralité Alpine（2014）, pp.130-131.

54) Le Bonniec et le Centre de l'Oralité Alpine（2014）, p113.

55) Le Bonniec et le Centre de l'Oralité Alpine（2014）, p.136.

56) Le Bonniec et le Centre de l'Oralité Alpine（2014）, pp.133-134.

57) Le Bonniec et le Centre de l'Oralité Alpine（2014）, p.134.

58) Moustier（2006）, pp.43-48, Le Bonniec et le Centre de l'Oralité Alpine（2014）, pp.135-136.

59) Le Bonniec et le Centre de l'Oralité Alpine（2014）, pp.140-141. なお、この地域について、交換分合に伴い、ボカージュの垣根を取り払ったところ、最初の年には、その影響で降雨による土砂流出が拡大し、対応を余儀なくされたが、それでも交換分合なくしては不可能であったであろう道路の整備が実現し、土地が細分化されたままであったならば農業者は地域からいなくなっていたであろうとの聞き取りもされている。

60) Le Bonniec et le Centre de l'Oralité Alpine（2014）, pp.138, 141-142.

61）Le Bonniec et le Centre de l'Oralité Alpine（2014), pp.142-143.

62）Le Bonniec et le Centre de l'Oralité Alpine（2014), pp.135-136.

63）Le Bonniec et le Centre de l'Oralité Alpine（2014), pp.144-147.

64）Le Bonniec et le Centre de l'Oralité Alpine（2014), pp.73-74. 実際、トラクタの導入に伴い、優先度は経営によって異なるが、緊急性に応じて順次的にアタッチメントを購入することになるため、さらに数年の投資が必要となった。例えば、ジャン・ミシェルは、まず、プラウとトレーラを購入し、続いてレーキ、播種機、ローラー、ハローと購入を続けたとのことである。他のトラクタ購入者においてもバインダや堆肥散布機、草刈り機、回転のこぎり、粉砕機など付属品の購入を必要に応じて行っている（Le Bonniec et le Centre de l'Oralité Alpine（2014), pp.108-109）。

65）Le Bonniec et le Centre de l'Oralité Alpine（2014), pp.102-103. なお、実際には、戦争や配給制度、供給の困難に見舞われた1940年代に比べて1950年代には燃料価格は低下したとのことである。

66）Le Bonniec et le Centre de l'Oralité Alpine（2014), pp.74-76, 80. なお、ジャン・ミシェルによると戦争開始の少し前から1955年頃までがオート＝ザルプ県の果樹栽培の黄金時代で、非常に収益が上がり、その地域の農業経営者は現金を獲得し、貯蓄を持ち、トラクタを購入する資力を具えていたが、ジャン・ミシェルら畜産小経営者はそうではなかったとのことである。とはいえ、多くの貯金を実は持っていて、マットレスの下に隠していたに違いないなどとの聞き取りや、2つの良クルミ園（deux beaux noyers）の売却代金や最後のウマの売却代金で購入することができたという聞き取りもされている（Le Bonniec et le Centre de l'Oralité Alpine（2014), pp.77-78）。

67）Le Bonniec et le Centre de l'Oralité Alpine（2014), p.76.

68）Le Bonniec et le Centre de l'Oralité Alpine（2014), pp.80-81. なお、農業信用金庫による貸し付けの比重は、1953年にはトラクタ販売金額の10％以下にとどまっていたが、1957年には25％近くまで拡大したとのことである。

69）Le Bonniec et le Centre de l'Oralité Alpine（2014), p.81.

70）Le Bonniec et le Centre de l'Oralité Alpine（2014), p.81.

71）Le Bonniec et le Centre de l'Oralité Alpine（2014), p.81. なお、その6か月後には1.5％に利率が下げられたとのことである。1973年から始まった若年農業者への自立支援補助によるということで、ただし、レノー自身は、それに先立って借り入れをしてしまったために、その恩恵を逃してしまったようである。また、1970年代より、山岳地農業への優遇措置がされるようになり、そこに適した機械の必要も認識され、4輪駆動のトラクタが導入されるようになったとも

V　他給依存性の深化と収益の強迫

されている。ちなみに、上記の1973年からの補助は、おそらくDJA（Dotation jeunes agriculteurs：青年農業者自立助成金）のことであろう（DJAは小倉（1994）、80-82頁を参照）。

72）Le Bonniec et le Centre de l'Oralité Alpine（2014）, pp.82-83.

73）Le Bonniec et le Centre de l'Oralité Alpine（2014）, p.82.

74）Le Bonniec et le Centre de l'Oralité Alpine（2014）, p.82.

75）Le Bonniec et le Centre de l'Oralité Alpine（2014）, p.82.

76）Le Bonniec et le Centre de l'Oralité Alpine（2014）, p.83.

77）Le Bonniec et le Centre de l'Oralité Alpine（2014）, p.83.

78）Le Bonniec et le Centre de l'Oralité Alpine（2014）, p.132.

79）Le Bonniec et le Centre de l'Oralité Alpine（2014）, p.83.

80）Le Bonniec et le Centre de l'Oralité Alpine（2014）, p.132.

81）Le Bonniec et le Centre de l'Oralité Alpine（2014）, pp.134-135.

82）Le Bonniec et le Centre de l'Oralité Alpine（2014）, p.135. なお、ここでオールーズは、ブルターニュでは1つの県で、年間700台から1,000台の新しいトラクタが売れていたところ、オート゠ザルプ県では110台から130台にとどまることを引き合いに出しつつ支援の必要を指摘している。

83）Le Bonniec et le Centre de l'Oralité Alpine（2014）, p.83. なお、関連して、ミシェルは、共通農業政策について、それにより、多くの農業者における生産の方針決定が、経済的なロジックではなく、獲得しうる奨励金（primes）の額に依拠することになり、ひいては生産をしすぎたり、生産すべきでないものの生産を誘発していると批判している。支払われる奨励金はあくまでも市場のあまりに低い価格を保証するのが目的であり、自己資金調達の努力の欠如をカバーするために利用されるべきではないとしつつ、それに頼る農業者の経営的メンタリティーの欠如を嗟嘆している（Le Bonniec et le Centre de l'Oralité Alpine（2014）, p.132）。

　　ミシェルは農業における企業的マインドの欠如を問題にしているのであるが、しかし、たとえ、そうしたマインドが存在していたとしても、それだけでは収益は上がらないし、借り入れがあっても、その返済はできない。換金できなければ返済もできないのであって、思いだけでは現実は動かない。しかも、オート゠ザルプ県では、機械化や合理化を進めようとも、人為でもってしてはいかんともしがたい条件不利に制約されており、いわばフィックスト・ゲームともいえるような状況の中で収益が強迫されるのである。ミシェルの議論には生存者バイアス的なロジックが垣間見え、補助や奨励金に頼らざるを得ない状況がオート゠ザルプ県で出来していたことが視野から抜け落ちている。しかし、

111

実際には、そうした状況に対する問題意識が1970年代以降に打ち出されていく山岳地政策や条件不利地政策に繋がることになる。

なお、Ⅰ章で述べたように、生命や生活を支えるに不可欠な食や衣類などの原材料を生産、供給する経済活動にして、そこに根源的な意義を備える農業は、生きた栽培植物や家畜を利用するために、他産業に比べて自然条件の規定性が大きく、生命のリズムや季節のリズムに規定されるところも大きい。また、農業にとって土地も、作業場としての意味だけではなく、そこから養分や水分を獲得するという他産業では見られない本質的な役割を果たしている。そして、このような自然条件や土地の条件の中には、気候や地形など人為によって改変することがほとんど不可能なものや、不可能ではなくとも経済的なコストが多大にかかるものがある。

加えて、農業は古くからされている経済的な活動であるがゆえに歴史的な規定性も他産業に比べると大きい。実際には先住民を支配、収奪しながらも、福音、啓蒙、自由の名の下で、ヨーロッパ人が植民した新大陸などでは別であるが、そうした地でなければ、古くからの社会的関係や慣習が変容を受けながらも残存し、農業の構造改革や経営の効率化を阻害する。

さらにいえば、収益志向が顕現する中で、依然として農業においては家族経営が優勢であるがために、利潤実現レベルではなく、生活維持のレベルにて農産物価格が決定する傾向が見受けられる。しかも、家族経営は、通常、個別では規模が小さいがゆえに経済的な交渉力もまた小さく、これらが相まって、資本主義経済の中では価格面において不利な扱いを受けてしまう。

以上のように改変が難しく、あるいはそれには大きなコストがかかる自然的歴史的経済的諸条件に規定されるところが大きい農業は、市場経済の中での競争において不利である。それは、他産業に比べると顕著である。そのため、農業において他産業並みに収益を実現しようとすれば、より大きな困難に直面してしまう。努力不足であるとか、意識が足りないとかそういうことではない。そして、このように市場競争において不利であるがゆえに資本主義経済になじみにくい側面を抱えるにもかかわらず、経営においても生活においても他給依存性が深化している現代経済の中に置かれると、農業においても収益獲得の必要が生じてくることになる。他産業従事者に比べて、生活水準を落とすのであればともかく、そうした格差は望ましいことではない。こうした事情を理由にして農業に対する支援や補助が実施されているのである。そして、その中で、とりわけ山岳地などでは、人為によっては乗り越え不可能なまでの条件不利性を抱えているがゆえに、そうした地域を対象とした支援や補助が打ち出されているのである。

V　他給依存性の深化と収益の強迫

84）石井圭一氏によるとフランスの粗放型畜産経営（肉牛、ヒツジ、その他草食家畜）の農業経営所得に対する補助金の割合は1981年で約20％から30％ぐらいである（石井（2002）、97頁）。支援がないわけではないが、販売による収益がなければ経営としては成り立たないことが窺える。

　　また、石井氏の示すグラフから読み取るに、1985年頃から補助金が占める割合は確かに上昇し、1994年には肉牛で約70％、ヒツジでは100％を超えている（石井（2002）、97頁）。100％を超えるのは要するに農業による収入よりも経費の方が大きく、それだけ見れば赤字であるところ、補助金によってそれが補填されていることを意味するのであろう。あるいは、もはやヒツジの飼育を黒字にすることが不可能事になっていることを読み取るべきかもしれないが、しかし、それでもなお、販売をやめると赤字幅が広がり、経営が苦しくなると考えられる。

　　また、これとは別に、石井氏は、1995年の可処分所得に占める経営補助金の割合も示しており、フランス全体では49.9％で、山間地では60.7％、条件不利地域では74.3％となっている（石井（2002）、139頁）。補助金が大きな割合を占めるが、それでもすべてをカバーしているわけではない。

　　さらに、21世紀のデータであるが、市川康夫氏によってなされたフランス中央山塊のオート＝ロワール県南東部メザン地域の農家調査において、農業収入と経営補助金を合わせた総額のうち、後者が占める割合が示されており、酪農で22.3％、肉牛専業で51.4％、羊複合経営で38.5％、牛複合経営で27.5％、その他で17.5％などとなっている（市川（2020）、90-91頁）。補助金は確かに不可欠であるが、ここでもすべてをカバーできてはいない。市川氏によると、中には赤字の経営も存在するとのことであるが、それでも販売による農業収入はあり、それなくしては、ますます経営が成り立たなくなるであろう。

　　実際のところ、政府による支援が存在し、農業を保護しようとの意図があるとしても、国家もまた、国内外の諸関係の中で経済主体の1つとして行動しているのであって、その運営において経済的な側面を全く度外視した政策措置を取るわけにはいかない。政府の補助や支援に頼るとしても、それは万能のものではない。フランスにせよヨーロッパにせよ政府に財源が無限に存在するわけではなく、その制約の中で、他部門との競合に晒されながら農業部門も予算措置を獲得せねばならないのであって、必ずしも農業経営が成り立ちうる形での措置が十全な形で実現するとは限らない。意図としては保護を目指したとしても、結果としては、そこまでには至らない状況も出来しうるのである。保護を唱えようとも、こうした構造が変革されない限り、それが十分な形でなされるとは限らない。社会や経済のシステムそのもののあり方を見直すことこそが求め

113

られるのである。

85）Rambaud（2006), pp.212-213.
86）Rambaud（2006), pp.89-90.
87）Rambaud（2006), pp.214, 216.

chapter

VI

収益確保の動きと
食料自律に向けた取り組み

フランスでは1960年の農業の方向付けに関する法と1962年の補完法の下で農業の近代化が政策的に推し進められた。その成果として、経営規模の拡大や構造改善、生産性の上昇が実現した。しかし、同時に問題も発生した。共通農業政策による価格支持の効果もあり、農産物の過剰が発生するとともに、化学肥料や農薬の多投、畜産からの排泄物による環境汚染が深刻化した。また、機械化の進展などにより、農家経済における過剰負担の問題も生じた。我々が見ているオート=ザルプ県など山岳地においては農業経営が厳しい状態に陥り、地域の存続自体が危ぶまれるようなケースが発生した。

　さらには、経済のグローバル化や新自由主義化が進行し、それへの対応が迫られた。農環境政策や直接支払制度を漸次的に導入していく共通農業政策の影響も加わりながら、経営の淘汰と規模拡大の傾向が生じた。経営の装備化や資本投入が促されることで、かえって経営が脆弱になるとともに、経営数の減少、長経路流通への包摂、アグリビジネスへの依存深化が進んだ[1]。

　確かに、オート=ザルプ県では、観光業の拡大やいわゆる田園回帰の動きにより、県の人口は増加に転じた。しかし、フランスや欧州連合による山岳地の農業や条件不利地の農業への政策的対応がとられるも、後継者がいない小規模経営は消滅の傾向を見せ、残された経営も収益の帰属率が低下するなど厳しい状況に置かれたままである。しかし、そうした状況下にあっても、それに対応したり対抗しようとする新しい動きも検出できる。これらについて本章で見よう[2]。

1 収益をめぐる問題と新しい動き

(1) 農業経営の脆弱化

　オート=ザルプ県の農業は、III章で見た19世紀の当時と比べて様変わり

VI　収益確保の動きと食料自律に向けた取り組み

表VI-1　オート=ザルプ県の農業利用地面積の作目別分布（2020年）

作目	面積（ha）
穀物	9,173
油糧作物	227
マメ類	93
繊維作物	4
香料作物・薬用作物	404
ジャガイモ	54
野菜類	135
単年飼料作物	2,091
草地	76,432
花卉	5
ブドウ	156
果樹	2,744
休耕地	131
農業利用地面積	91,979

出典：Direction régionale de l'alimentation, de l'agriculture et de la forêt（2023）より作成。
注：各作目の面積を合計しても9万1,649haにしかならず、農業利用地面積（9万1,979ha）とは
　　合わないが、詳細を知ることはできなかった。
注：一年生飼料作物（fourrages annuels）は飼料用トウモロコシ、飼料用根菜類、一年生マ
　　メ科飼料作物などのことである。
注：草地（prairies）には栽培牧草（prairies artificielles）、一時的草地（prairies temporaires）、
　　永年草地（prairies permanentes）、放牧森林（bois pâturés）が含まれている。

した。2020年の農業利用地面積の作目別分布を表VI-1に示している。農業
利用地面積9万1,979haのうち、草地が7万6,432haと大きな割合を占め、
穀物が9,173haにまで縮小している。他方、果樹は2,744haにまで拡大して
いる。表では示していないが、ナシとリンゴが主たる作目である。また、
単年飼料作物が2,091haを占めている。

　畜産部門について、表VI-2に家畜の飼育頭数を示している。ヒツジの飼
育頭数が23万3,528頭で、ウシが3万95頭である。現在でもヒツジとウシ
の飼育がメインであるが、しかし、ヒツジは羊毛生産ではなく肉用と子ヒ
ツジの生産が主となり、ウシは、牛乳の生産調整を促す数量割り当て制度
の導入より酪農が後退傾向にあり、肉生産に活路を見出そうとの動きがある。

117

表VI-2　オート゠ザルプ県の家畜の飼育頭数（2020年）

畜種	頭数（頭）
ヒツジ	233,528
ウシ	30,095
ヤギ	8,575
ウマ	1,912
ブタ	12,854

出典：Direction régionale de l'alimentation, de l'agriculture et de la forêt（2023）より作成。

　農業経営数は減少を続けている。1970年に5,625経営が存在していたの
が2020年には1,646経営にまで減少している。しかし、平均経営面積は
16.5haであったのが55.9haにまで拡大している[3]。特に肉用のヒツジの飼
育、酪農経営、リンゴの栽培において、こうした傾向が見受けられる[4]。
前2者は、価格支持政策から直接支払いへと共通農業政策が転換していく
中で、経営面積により補助金額が変動する制度が取り入れられており、そ
うした政策の影響との指摘がされている[5]。

　こうした状況の中で負債や破綻など農業経営の脆弱性が問題となってい
る。オート゠ザルプ県の経営にも多かれ少なかれ当てはまるとしつつ、フ
ランス全体に関して、当県在住のアグロエコロジー研究者であるピオネ
ティらが以下のように指摘している。

　フランス全体で見たところ、2日に1人の割合で農業者の自殺が起きて
おり、男女別に見ると、女性が20%、男性が80%を占めている。生活水準
は向上しているが、それでもなお、国民の平均より低い。貧困率は高く、
退職後の年金は低い。ただし、農業者の中でも所得の不均衡が見られ、例
えば、オート゠ザルプ県では盛んではない養豚では年収5万€を越えてい
ても、酪農では1万5,000€にとどまる。また、年による収入の変動が大き
いことも問題となっている[6]。

　負債は2017年に1人当たり18万7,000€であるが、40歳以下の場合は20万
€とされている。負債比率[7]は、1995年に35%であったのが2017年には

118

42％に上昇している。ただし、部門による差が大きく、養豚では67％に上る。なお、農産物の付加価値のうち農業者に帰属するのは6％にとどまるとされる。30年間のうちに農業経営数は減少するも資金面にて困難を抱えた経営は減少しておらず、むしろ、農業者救済団体ソリダリテ・ペイザン（solidarité paysans）による伴走支援を受ける経営が増加している。労働負荷や行政手続きが増大し、遵守すべき各種基準や衛生条件も厳しくなり、余暇がなく、ストレスがたまり、将来を悲観する心性までもが生じている[8]。低収益性や不安定性を抱えつつ、債務や各種負荷に見舞われる中で農業経営の脆弱化が進行していることが窺える[9]。

(2) 収益をめぐる問題

　このような経営の脆弱化に大きな影響を与えているものとして、流通構造の動向に起因する収益の流出を指摘することができる。

　例えば、羊肉について、流通の寡占化や長経路化を指摘することができる。まず、寡占化について、以前にはプロヴァンス＝アルプ＝コート・ダジュール地域圏の諸県に1つずつのような形でヒツジ飼育経営の協同組合が存在していたが、合併の動きが続き、現在ではオート＝ザルプ県を含め14県に所在する620経営が参加する協同組合アニョー・ソレイユ（Agneau Soleil）に併合されている。加えて、他地方に拠点を持つ大規模協同組合アルテリス（Arterris）もオート＝ザルプ県のヒツジ飼育経営を傘下に収めている[10]。屠畜場の合併、近代化、合理化などの動きも起きている。確かに、近年では小規模地域屠畜場の設立の動き[11]や短経路流通の取り組み[12]も見られるが、大きな趨勢としては、流通の寡占化や大規模化が進行している。そして、こうした趨勢の中で流通業者やアグリビジネスが農業生産者に対して大きな交渉力や支配力を持ちうる構造ができあがり、その中で農業生産者から流通業者へと収益が流出していると考えられるのである。

　また、寡占化の動きとも関連して流通の長経路化の動きも指摘されている。プロヴァンス＝アルプ＝コート・ダジュール地域圏全体[13]のヒツジの

80％がそのような流通に向かっているとされている。流通の長経路化は単に流通経路の地理的物理的距離が長くなるというよりも、生産者から消費者の間に複数の仲介者が介在することを指しており、その部分が消費者にとって食の安全性や信頼性の確保に対するブラックボックスになるとともに、消費者価格にも影響を与え得、あわせて、生産者にとっては収益の縮減要因になるとされている。このような流通における趨勢に共通農業政策の影響も相まって、もはや羊肉生産は、その収益よりも、草地管理による助成金獲得の方が重要とされたりもしている[14]。

　牛乳に関しても地域外資本の浸透や流通の長経路化による生産者の収益縮減の傾向が窺える。20世紀にもすでにネスレ社がオート＝ザルプ県の牛乳を扱っていたが、同時に地元の乳業会社や製酪組合でも扱っていたところ、21世紀に入ると大規模な全国的協同組合が県内農家を傘下に収めたり、全国的な乳業会社や県域を越える乳業会社が県内の関連拠点を傘下に収める動きが生じた[15]。それにより流通の長経路化が進み、多くの県産牛乳が地域外に向かうことになり、それに伴い付加価値もまた他地域に流出し、ひいては酪農家における収益低位性の要因になっていると考えられている。当県とは異なり例えば北アルプのサヴォワ地方では、後に触れる原産地保護呼称AOPラベルを受けるボーフォール・チーズを擁することから牛乳生産を維持しており、それとは対照的とのことである[16]。

　果実においても流通に関して大きな変化が生じている。関係卸売業者が５つに集約され、これら業者が地域の果実の80％を扱う状況となっており、寡占化の傾向が指摘されている。また、県産果実の半分は輸出向けであり、流通の長経路化の進行も見られ、加えて、2014年以降にはクリミア情勢の影響でロシア向けが減少し、2015年以降にはアルジェリア向けも減少するなど、国際市場での販路を喪失しつつある。国際情勢にオート＝ザルプ県の農業者の収益が左右される構造が生じているのである[17]。さらに、主要産品であるリンゴのゴールデンデリシャス種の価格低下や霜害[18]、果樹の老化、生産費の上昇、収入減、病害が生じており、そうした

VI　収益確保の動きと食料自律に向けた取り組み

困難な状況の中で消費者の評価や環境への配慮に関わる対応も求められ、収益を上げるのに総じて厳しい条件下に栽培農家は置かれている[19]。

このように、近年、流通業者やアグリビジネスの規模拡大と寡占化の傾向、それらへの依存深化、流通の長経路化、国際動向への従属などが生じており、これらにより農業生産者において収益帰属が縮小していたり、販路の喪失に晒されている。加えて、農業資材や投入財に関しても、同じくアグリビジネスの影響が大きくなり、生産者における収益割合の縮小をもたらしている。フードシステムにおける競争の中での効率化の追求、規模拡大、流通の長経路化によりアグリビジネスや流通業者が農業生産者に対して影響力や支配力を強く行使しうる構造が確立しつつあり、こうした動きが要因となり、オート＝ザルプ県の農業生産者の苦境が生じている。ただし、こうした苦境の中、それへの対応や対抗の動きも広がりつつある。次に見よう。

(3) 各種認証に関わる取り組み

苦境の中での対応の動きとして、有機農業の認証や各種ラベル取得などを通して農産物の高付加価値性を明示しつつ、それを自らの手元に確保しようとの動きを挙げることができる（表VI-3を参照）。

2020年農業センサスによるとオート＝ザルプ県では、有機農業の公式認証を受けている経営が2010年には135経営であったのが、2020年には367経

表VI-3　オート＝ザルプ県の認証取得経営数（2010年と2020年）

認証の種類	取得経営数	
	2010年	2020年
有機農業	135	367
AOP	7	23
IGP	109	193
ラベル・ルージュ	183	206

出典：Direction régionale de l'alimentation, de l'agriculture et de la forêt（2023）より作成。

表VI-4　オート=ザルプ県の有機農業利用地面積（転換中も含む）の
作目別分布と各作目の中での割合（2020年）

作目	面積（ha）	割合（%）
穀物	2,418.9	26.37
油糧作物	37.9	16.70
マメ類	60.0	64.52
繊維作物	秘匿データ	秘匿データ
香料作物・薬用作物	168.0	41.58
ジャガイモ	22.9	42.41
野菜類	82.6	61.19
単年飼料作物	486.0	23.24
草地	18,309.4	23.96
花卉	0.5	10.00
ブドウ	76.4	48.97
果樹	607.2	22.13
休耕地	31.2	23.82
有機農業利用地面積	22,329.8	24.28

出典：Direction régionale de l'alimentation, de l'agriculture et de la forêt（2023）と表VI-1よ
り作成。
注：各作目の面積を合計しても2万2,301.0haにしかならず、有機農業利用地面積（2万2,329.8ha）
と合わないが、詳細を知ることはできなかった。
注：割合の欄は、各作目の農業利用地面積（表VI-1に示した数字）に対するその作目の有機
栽培農業利用地面積の割合を示している。

営に増加している。なお、表VI-3には示していないが、そのうち、経営全
体を専ら有機農業に充てているのは271経営である[20]。有機農業に関わる
農業利用地面積は転換中のものも含めて2万2,329.8haである（表VI-4を参
照）。割合としては農業利用地面積全体の24.28%を占めている[21]。なお、
これも表VI-4には示していないが、すでに有機栽培がされているのは約1
万9,335haで、残り約2,995haは有機栽培への転換中である。作目別に見た
有機栽培面積比率はマメ類等が高く64.52%で、野菜類が61.19%、ブドウが
48.97%と続く。なお、ピオネティらによると産業的有機農業が拡大しつつ
あり、例えば、県西部に3,000羽の雌鶏を飼育する経営があるが、1日1
万個の有機卵の生産のためにさらに8,000羽を飼育できる施設を建設し、
加えて卵液製造施設の整備を目指し、114万6,000€の投資を計画している

VI　収益確保の動きと食料自律に向けた取り組み

とのことである[22]。

　農産物や加工品等の原産地の認証であるAOP（Appellation d'origine
protégée：原産地保護呼称）を受けているものは2010年には7経営にとどま
るが、2020年には23経営に増加している。オート=ザルプ県ではラベン
ダーオイルで取得しているものがあり、2020年時点での情報であるが、ケ
ラ地域のブルー・チーズでも取得の計画が存在する[23]。

　農産物や加工品の地理的な特徴等に関わる認証であるIGP（Indication
géographique protégée：地理的保護表示）を受けているものは2010年に109経
営であったのが、2020年には193経営に増加している。表VI-3には示して
いないが、うちヒツジについて76経営が、果樹について73経営がIGPを取
得しており、数が多い[24]。子ヒツジでアニョー・ドゥ・シストゥロンとい
うブランドが、リンゴでポム・デ・ザルプ・ドゥ・オート=デュランスと
いうブランドが取得しており、他にワイン、タイム、ハチミツ、家禽、ス
ペルトコムギで取得しているブランドがある[25]。

　農産物等の高品質性を認証するラベル・ルージュの取得は183経営から
206経営に増加している。表VI-3には示していないが、ヒツジに関わるも
のを126経営が、果樹に関わるものを58経営が取得している。子ヒツジで
上記のアニョー・ドゥ・シストゥロンがラベル・ルージュも取得してお
り、リンゴのポム・デ・ザルプ・ドゥ・オート=デュランスも同じくラベ
ル・ルージュも取得している[26]。

　他にも、環境保全を重視する旨の認証であるHVE（Haute valeur environnementale
：環境高価値）を与えられた経営は2020年に55経営を数え、経済性と環境
保全性とに向けた農法計画を持つ農家や関係者のグループであるGIEE
（Groupement d'intétêt économique et environnemental：経済環境価値集団）は39
グループを数える[27]。このうちHVEは2011年から始まり、農業や食品産業
をめぐる商取引の均衡や健康的持続的食料へのアクセスに関わる2018年の
エガリム法の開始により拡大している。2022年以降には、公的施設の給食
や配食サービスにおいて50%は持続可能性に関わる認証を受けた産品を提

123

供することが、しかも、そのうち20％は有機によるものが求められ、残り
はAOP、IGP、ラベル・ルージュなどか、あるいはHVEのいずれかが要求
されている。この中で、HVEは地理的な制約がないために生産者にとっ
て採用しやすく、そのことが増加を促進しているとされている[28]。

　以上に加えて、農産物等が県産物であることを示すラベルもある。農業
会議所[29]によるもので、オート＝ザルプ県産農産物等に与えられるオート
＝ザルプ・ナチュレルマン（HAUTES ALPES Naturellement）は98の農業経
営、28の食品産業、33のレストラン経営、7つの木材流通業者に与えら
れ、農泊など農村観光に関わるビアンヴニュ・ア・ラ・フェルム（Bienvenue
à la ferme）は76の経営に、地元農家直売市場を対象とするマルシェ・デ・
プロデュクトゥール・ドゥ・ペイ（Marché des Producteurs de Pays）は53の
市場に与えられている[30]。

（4）農産加工・多角化・短経路流通の取り組み

　収益確保に向けた対応として農産加工や経営の多角化の動きを挙げるこ
とができる。2020年農業センサスによるとオート＝ザルプ県において農産
加工は2010年に138経営が手掛けていたのが、2020年には352経営に増加し
ている。乳製品、食肉、果実や野菜などが対象である。加えてワイン醸造
を手掛けるものが11経営ある。農産物をそのままで販売するのではなく、
加工により付加価値を付けて販売することで収益を確保しようとの取り組
みである。多角化の動きとしては、農作業サービスの提供は29経営から
128経営に増加しているが、ツーリズムや農泊は154経営から118経営に減
少している。再生可能なエネルギーの販売は17経営から58経営に増加して
いる。これらも農業経営に関連する形で生産活動を拡張し、収益を確保増
大させようとの取り組みである[31]。

　さらに短経路流通を実施する生産者も増加している。これは、生産者か
ら消費者の距離が物理的に短い流通形態を指すのではなく、仲介業者を多
くとも1つしか介さない流通経路を指している。2010年には530経営が手

VI 収益確保の動きと食料自律に向けた取り組み

掛けていたのが、2020年には671経営に増加しており、そのうち、直販（vente directe）が443経営から576経営に増加している[32]。品目別に見ると、肉や畜産物が259経営、野菜や加工品が124経営、果実や加工品が111経営、ハチミツ95経営、花卉園芸85経営、乳製品73経営などとなっている。形態別に見ると、農場等での直売が387経営、小売店が226経営、マルシェでの直売が221経営、巡回直売・出張直売（directe en tournée, à domicile）が128経営、生産者共同直売所（directe en point de vente collectif）が119経営、公施設レストランを除くレストランへの供給が106経営、スーパーなどが105経営である。他に、後に見るAMAP（Association pour le maintien d'une agriculture paysanne：農民的農業維持のためのアソシアシオン）に61経営が、学校や病院、高齢者施設など公的施設の給食や配食サービス（la restauration collective）向けに40経営が生産物を供給している[33]。

　以上のような動きは農業者にとって無視できない補完的収入となっており、農業生産の不安定性を緩和するとともに、経営にとって収益を確保する方策としての意義を持つものとなりつつある。そこで、次に、そうした収益確保を目指す取り組み例をいくつか見よう。

2 Agribio05による有機農業に関わる取り組み

(1) Agribio05の概要

　まず、有機農業についてAgribio05（アグリビオ05）の取り組みを見よう。この団体は1989年に創設され、「県の有機生産者を連合し、その利益を守り、有機農産物の流通に活力を与え、技術的知識と経済的知識を広く普及し、有機農業を発展させること」を目的としている。参加農業者は78人を数える。12名の有機農業者からなる運営評議会が置かれ、5名の職員が配置されている。当県の有機農業発展の「灯標的主体（un acteur phare）」として地域圏や全国的なネットワークに参加しつつ、創造的にして集団的で

125

一貫した地域計画を推進し、多くの問題に直面する有機生産者の要望に応えようとしている[34]。

　具体的には、①技術的研修の組織化、②現地指導活動、③地域における有機農業の構造化と発展促進、④生産者への支援、⑤流通の活性化、⑥公共団体や市民団体との協働による有機農産物の販売促進、⑦有機生産者の利益の保護が任務として挙げられている[35]。このうち①から④に関しては、有機農業者の視察、土壌診断、研修活動、普及指導、新技術の試行など技術支援が畜産、穀作、野菜作、香料作物に関わりなされており、さらには種子の多様性保存に関わる取り組みや新規就農や経営自立への伴走的支援も実施している。⑤と⑥に関しては、例えば、先に触れたように、2018年のエガリム法により、有機農産物の利用割合を20％にする義務が2022年に導入された公的施設の給食や配食サービスとの協働的取り組みを実施したり、有機農産物を扱う農業経営の紹介冊子の作成や関連するイベントの開催を一般消費者に向けた販売促進として実施している[36]。そして、以上のような活動を通じて⑦の目的を達成しようとしているのである。

(2) 有機野菜生産者の事例

　Agribio05により県内の有機農業経営の様子が紹介されている。例として、県庁所在地ギャップに程近いラ＝ソールスの野菜農家を見よう[37]。経営規模は6 haで、そのうち野菜の栽培は2.6haである。露地と施設にて25種の野菜やマメ類を栽培している。農地は全て賃借による。この経営の経営者は、家族経営を継承したわけではないが、生まれ自体はラ＝ソールスである。若年農業者の自立支援に向けた補助金であるDJAの支援を受けて2007年に経営自立した。ジュラ県のモンモラン農業高校で農業経営者育成コースを卒業し、4年間、コカーニュ農園[38]で栽培責任者を務めた経歴を持つ。

　労働力は、経営者自身が通年フルタイムの形で農作業に従事するとともに、5人の季節雇用を受け入れている。トラクタ、ジャガイモ定植機、

VI　収益確保の動きと食料自律に向けた取り組み

ジャガイモ収穫機、除草機などの機械類、点滴式灌漑、散水式灌漑を利用している。Agribio05の紹介によると、機械や装備は良好な水準ということである。2018年の売り上げは14万8,000€で、可処分所得は3万1,800€である。コストとしては人件費が6万9,250€と大きい。

　経営の目的として、①自分自身の主人になること、②自分の意に適う仕事をすること、③人々に健康的な食料を供給すること、④恵まれた環境で生活することが挙げられている。①は要するに自らを自らで律することができるようにという意味であろうが、他の項目も含め考え合わせると、いずれにせよ、農業の近代化により形成された生産主義的な経営を通して収益を追求しようとしているというよりも、より広く自らの存在意義や生活、環境、健康を重視していることが窺える。

　ただし、経営自立を目指す者に向けた助言としては、生活のどれほどを充てる覚悟があるのか明確にすることに加えて、より現実的に、技術的な側面や流通経路について事前に熟考しておくことを挙げている。すなわち、現実的な経営や販売面に関わる入念な検討が必要である旨をアドバイスしているのである。

　先に触れたように本経営はギャップに程近い立地条件にあり、週3回、そこの市場に農産物を供給し、上記の売り上げのうち50%を得ている。他に有機農産物販売店に出荷したり、次に見るEP05にも参画しており、あわせて売り上げの47%を占める。残りは3%で比重は大きくないがAMAPに農産物を供給している。

　他にAgribio05により有機野菜生産者6人の経営も紹介もされている[39]。規模はいずれも数ha程度であるが、ハウスやトラクタ、灌漑設備などが整えられており、売り上げは3万7,173€から7万5,700€である。販売先はAMAPやEP05はあまり多くなく、地元や近隣の市場、農場での直販、有機生協、独自の野菜セットなどが見られる。

　経営の目的は、自然の中での作物の栽培、地域や住民への多様な農産物の供給、作物や耕地などに関わる美的意識、多くの事柄へのチャレンジ、

屋外での労働、自律性の保持、より良い将来への貢献、単なる職業を超えた生活様式、哲学、自然のリズムでの生活などが挙げられている。ラ＝ソールスの農家と同様に、生産主義的経営による収益追求よりも、自然との関わりや生活スタイル、心理面やより基層的な思想までをも含めた包括的な生活のあり方が志向されている。

ただし、経営自立を目指す者に向けた助言としては、事前に研修を受けるなり雇用されるなどして農業についてよく知っておくことや、上手く参入できるように農場の環境や周囲について把握しておくことなどが挙げられるとともに、上記ラ＝ソールスの農家と同様に、販売について熟慮しておくこと、より確固とした生産性を持つ装備のために最初から多くの借り入れをすることを躊躇しないこと、しかし、逆に、大きな投資に焦ることなく、自分のリズムで観察したり、熟考したりする時間を取ることなどが挙げられている。ラ＝ソールスの農家と同様に、他への助言では、現実的な経営面や販売面に関するアドバイスをしているのである。

以上、生産者自身の意識としては収益志向が後景化しており、生活や思想に関わる志向が前面に出てきていることがわかる。しかし、経営自立を目指す者への助言から窺えるように、経営において経済的な感覚や収益獲得が不要になっているわけではもちろんない。機械や施設、資材などにおいて、あるいは雇用の受け入れにおいて、他給依存性は確実に存在し、この資料からは窺うことができないが、生活の中でも他給依存性が存在しているであろうことを考え合わせるならば、たとえ高い志や理念があったとしても収益の確保を忘れるわけには当然いかないのである。

(3) 小括

有機農業はもともと農業のあり方を問い直す社会運動の側面を持つものであり、ここで例として挙げた生産者も、物質的な志向よりも、自然との関係や社会のあり方、思想、文化や生き様に至るまでの志向を前面に出している。包括的なレベルでの生活志向とでも言いうるものが検出でき、近

VI 収益確保の動きと食料自律に向けた取り組み

代化以前に存在した伝統的な生活志向の農業と相違するところである。伝統的な農業の営みの中にも自然や他者との関係、思想や文化、さらには宗教に関わる契機が存在していたであろうが、それに対して、現代の有機農業者における生活志向は、資本主義経済の高度な発展や農業の近代化を経過した後のものであるがために、その中での労働のあり方や生活のあり方、効率化や競争に駆動される生産活動、環境破壊や自然との荒廃した関係を経験した上でのものとなり、それら問題ならびに、それを生み出す経済や農業のあり方に向けた批判を踏えた上での包括的な志向を孕むものとなっているのである。

　ただし、有機農業であっても収益なしに経営が成り立つわけではない。設備や機械、装備などが必要であり、生活においても現代社会の中であれば、他給依存性が全面的にとでも言いうるぐらいに展開している。よって、ここでもやはり収益の獲得は必要である。実際、こうした収益確保の必要に対応するべく、Agribio05では技術面の支援、流通面での支援、付加価値と収益確保の支援をしている。他給依存性から逃れることができない状況において生活を志向していても、つまるところ収益が求められるのであり、その確保の取り組みが必要である。こうしたことから、同じく生活志向農業でありながら、近代化以前に回帰するのではなく、包括的な生活志向を持ちつつも、他給依存性が深化し、より収益を必要とせざるを得ない現代社会に対応できるような生活志向の農業に、いわば回旋しようとする動きとして捉えることができるであろう。

　もっとも、経営において収益が実現できれば問題ないが、実際のところでは、そうなるとは限らない。経営自立を目指す者への助言からも窺えるように、経営に関わる現実的な準備や対応を入念に実施する必要がある。この回旋型生活志向の農業は収益志向を内包するものである。両者は必ず相対立するものではないが、しかし、そのバランス如何によっては、やはり、その間に鬩ぎあいが生ずる可能性が確かに孕まれているのである。

3 EP05による流通に関わる取り組み

オート=ザルプ県では短経路流通、産消提携、再地域化など流通に関わる取り組みも見られる。流通の長経路化やアグリビジネスへの依存深化に対抗しつつ、生産者に公正な収益を確保しようとの意識に基づく取り組みである。まずEP05（Echanges Paysans Hautes-Alpes：農民的交換オート=ザルプ）の取り組みを見よう[40]。

このEP05は、公的施設の給食や配食サービスへの地場農産物などの供給を重視しつつ、近隣短経路（circuits courts et de proximité）流通の構築を通じて、地域と農業のために社会経済と連帯経済に関わる取り組みをしようとするものである[41]。2004年に県中北部シャンソール=ヴァルゴドゥマール地域で持続的農業のパイロット事業がされ、2006年には「Les Rencontres Paysannes（農民の出会い）」というイベントが開催され、2008年には農村に関わる優れた活動拠点「le goût de notre terre（私たちの土地の味わい）」が設置された。これら活動の中で農産物や食品に関わる問題が浮き彫りにされるとともに、関係諸主体の動きが醸成され、EP05が誕生したのである。従来の流通のあり方に疑問を持つ消費者と地元オート=ザルプ県の農業者や食品加工業者とがコンタクトを上手く取ることができずにいたところ、それを促進するためのプラットフォームとして設立されたのである[42]。なお、とりあえずは、1901年法に基づくアソシアシオンとして設立されており、生産者主導でも消費者主導でもない一般利益のための仲介組織とされている[43]。

EP05の目的として、①農業と食品加工業における雇用の維持拡大、②環境保全、③農業生産者と消費者の健康、④文化遺産の尊重、⑤協働的取り組みの発展の5つが挙げられている。このうち、②③④は、環境、健康、文化遺産など経済的な利益を超えた食や農のより広い意義を担うものである。そして、①は、生産者に「公正な」報酬を確保することで農業と食品加工業の雇用を維持拡大しようとするもので、⑤は生産者と消費者を

VI　収益確保の動きと食料自律に向けた取り組み

結ぶプラットフォームの運営のために関係諸主体の協働を強化しようとするものである。こうした協働的取り組みに支えられつつ、生産者における収益の確保を実現しようとしているのである[44]。「農業者は収益に関わる慢性的な危機に直面しており」、「歴史的に見て長経路流通に大多数の経営が構造化されている」との危機感から生まれてきた対応策である[45]。

また、EP05の立ち上げは需要サイドの動向を見据えてのことでもある。地場農産物や地元産食品に潜在的需要があるものの、供給側がそれに向けた形で組織化されておらず、取り組みがあっても個別的なものであるがゆえに、公的施設の給食や配食サービスの需要を取り込むこともできていないとの問題意識が持たれており[46]、そうした需要を的確に取り込もうとしてEP05が立ち上がったのである。

EP05は、これまでの農産物流通のあり方を見直し、環境や健康、文化的な側面にも目配りをしながら、均衡の取れた商取引のロジック（une logique de commerce équitable）[47]に基づきつつ、生産者の収益確保に繋げようとするものである。正当で公正な収益を生産者に確保しながら、資本主義経済の中で、農業生産者や食品加工業者を存続可能にしようという方向性がそこに窺える。それは農業の近代化政策が目指した生産主義的な方向というよりも、消費者との連携を取ることで収益を確保し、資本主義経済の中で経済活動を可能ならしめようとするスタンスを取るものなのである。

4 AMAP de Veynesによる産消提携の取り組み

（1）AMAPの概要

フランスで広がりを見せている市民団体AMAPは、日本における産消提携に影響を受けたともいわれるアメリカのCSA（Community supported agriculture）のシステムを導入したものである。2001年4月にフランス南部プロヴァンス地方で最初のものが結成され、それが全国に拡大した。

131

AMAPの会員は事前に料金を支払うことでパニエと呼ばれる農産物や加工食品などのセットを、指定された受取地点で定期的に受け取ることができる。そして、そのパニエは農業経営者や加工食品製造者がAMAPに供給するが、彼らにとっては、その料金を事前に受け取ることができるので、安定的に農業や工房を営むことが可能になる。ただし、このような事前支払契約を結ぶ形をとるとはいえ、会員は、単なる消費者であるとか契約者であるとか、そのような位置付けがされるのではなく、農業経営者のパートナーであり、また、意識を持つ支援者としての位置付けとされている。そこでは、あくまでも相互信頼と尊重とに基づく関係性が取り結ばれるのである[48]。

オート＝ザルプ県でもAMAPが活動している。AMAPの検索サイトAnnuaire AMAPで検索すると、県東部に４つ、中部に４つ、西部に２つのAMAPがヒットする[49]。そのうち、県西部ヴェーヌに所在するアマップ・ドゥ・ヴェーヌ（AMAP de Veynes）[50]について、農産物や加工食品を供給する生産者の状況を窺うことができるので、検討しよう。

(2) 生産者の状況

本AMAPのサイトによると2023年から2024年にかけてのシーズンには14の農業経営や食品加工工房により農産物や加工食品が提供されている。具体的には野菜、卵、家禽、チーズ、羊乳ヨーグルト、山羊乳製品等、パン、リンゴとナシ、ジャムなどの加工品、マメ類、ハチミツ、子ヒツジ肉、菓子、クリが扱われている[51]。

本AMAPの2021年総会議事録より、こうした産品を供給する生産者の様子を窺うことができる。生産者はおおよそ５つのタイプに分類することができる。報告順に番号を付してた上で、整理して見よう[52]。

第１に、順調な生産を実施している生産者が見られる。生産者①は、50頭のヤギを飼育している。４月から10月まで丘陵部に放牧をしており、コロナ禍にもかからわず、地方自治体の支援によりまずまずな状況であっ

た。山羊チーズに加えて、子ヤギ肉の小包も提供しており、さらに、子ヤ
ギ肉のテリーヌも提供する意向を示している。生産者②は引退の準備をし
ている農家である。経営規模は1.6haで、とりあえず生産は卵のみである
が、引退の準備をと言いつつなお、ガチョウとアヒルの生産を再開しよう
かとの意向を持っている。生産者③は１年前に夫婦で就農しており、200
頭の雌ヒツジと11頭のシャロレ種乳牛、家禽を飼育している。穀物の栽培
もしているが、これは飼料用である。若鶏丸ごと１羽、あるいは半羽を、
注文に応じて月に１回か２回、提供し、クリスマス用の小シチメンチョウ
やホロホロチョウの契約も受けている[53]。

　第２に、自然災害やコロナ禍などの問題に直面しながらも対応を実施し
た生産者を見出すことができる。生産者④は自立して５年目で、AMAPに
参加してからは３年目の者である。挑戦は続くも、難しい状況からは抜け
つつあり（les choses sont de moins en moins compliquées, même si c'est toujours
un défi…）、植え付け、輪作、販売を充実させたり、ストレスを減らしたり
するために雇用を入れようとしていた。５月初めに大霜に見舞われるも、
２晩徹夜で温室ヒーター（braseros）を動かし続け、野菜の収穫は良好で
あったとのことである。生産者⑤はパン屋もかねており、８人のフルタイ
ム従業員による。気象災害に見舞われた他地域に比べると収穫の質も量も
非常に良好であった。コロナ禍の隔離の期間、仕事は維持できたが、販売
には困難を抱えたとのことである。おそらくその経験からであろう「契約
顧客は必要で、よって、AMAPは最高である（l'AMAP c'est top）」と述べて
いる[54]。事前契約による農業生産者への支援というAMAPの理念が、まさ
しく、この事例において体現されているのである。

　第３に、とはいえ、やはり、自然環境への対策には限界があり、人為で
もってしてはいかんともしがたいケースも存在した。生産者⑥はマメ類を
栽培しているが、春と８月の雹害によりレンズマメの生産が80％減となっ
たため、提供が１家族に対して１kgにとどまってしまった。ヒヨコ豆と
小スペルトコムギは12月に配達予定とのことである。生産者⑦はリンゴと

ナシを栽培しているが、春の終わりの大霜の影響で収穫が減少する見通しで、それでも、一応、供給は11月から毎月の予定とのことである。生産者⑧は霜と雹の被害について、ナシには及んでいないが、リンゴは5％から6％に、ブドウは2分の1にも及んだということで、しかし、「気を落とさず、常に解決を模索し（Il ne baisse pas les bras et est toujours à la recherche de solutions）」、とりあえず、熱ポンプユニットの購入支援を受けるべく、クラウドファンディング[55]を実行している。また、この農家は、26のAMAPへの供給をしており、重要視しているとのことである。生産者⑨はハチミツを生産しているが、シーズン初めに苦境に陥り、春季のハチミツは、アカシアもガリーグ灌木についても収穫がなかった。しかし、夏季のクリ、ラベンダー、山ハチミツの収穫は正常であった[56]。

　第4に、食品加工生産者が存在する。生産者⑫はチョコレートと糖菓を有機にしてクラフト的に製造している。フランスの多くの商店に出荷しており、2022年には自身でカカオ豆の一部を加工する計画を持っている。生産者⑬と生産者⑭は牛乳製品と羊乳製品を扱う。2人で2週間おきに配達をしている。ヨーグルト438個と多くのチーズを供給しており、本AMAPの活動において無視できない存在とされている[57]。

　そして、第5には、離農する者や、他の販売組織へと移籍する農家も見られる。生産者⑩に関する報告では、ネオ＝リューロー（néo ruraux）[58]の自立の難しさを示すということで、詳細は不明であるが、経営から離れるとのことである。同じくネオ＝リューローの困難性を示すとされる生産者⑪は、牛乳と乳製品を供給していたところ、他グループに移るということで、とはいえ本AMAPへの供給継続に乗り気ではあるが、新しい環境への適応に鑑みて、とりあえずは時間を置くようである[59]。

　生産者⑮も、新しい販売組織に参加するようで、ただし、それに当たり、本AMAPを「放棄すること（abandonner）」が義務付けられたとのことである。生産者の引き抜きのような事態が生じているのであろうか、団体間での競争関係の存在が窺える。そうした事態を受けて、本AMAPでは解

VI 収益確保の動きと食料自律に向けた取り組み

決策が模索され、他の生産者に供給を打診したところ、乗り気のようで、というのも、その生産者は引退を視野に入れているが、若年者に経営移譲をするためにGAEC（Groupement agricole d'exploitation en commun：共同経営農業集団）を形成し[60]、野菜生産の量と種類を増加させる計画を持っており、その経営が発展するであろうからとのことである[61]。

以上のような生産者に関わる報告がされるとともに、総会では新たにクリとハーブティー供給の提案や、アグロエコロジーを実践しつつ農産加工品を製造販売している農場による加工品供給の提案がされている[62]。

そして、最後に、総括的に、本AMAPに新しい参加者がなかったこと、地元有機生産物を便利に提供できる販売施設が多く存在すること、それに対して、AMAPには引き渡し時刻や参加費用に関わる制約があり、それがブレーキになっていること、短経路流通を維持することの利益があまり理解されておらず、しかも、それはコロナ禍中にあってもであることが指摘されている[63]。

(3) 小括

AMAPは、単なる農産物や食品の事前契約による購入のためのものではない。それを通して農業者を支援しようとする活動であり、経済的な原理だけではない産消間の提携的関係性の構築に依拠した支援の取り組みである。しかし、それでも本事例ではAMAPから離れる農業者が存在している。詳細は窺うことができないが、経営自立の困難さが指摘されているので、やはり、経済的な困難や技術的なハードルをクリアできなかったのかもしれない。また、他団体に移籍する農業者もおり、そうした動きからはAMAPと類似した団体間で競争が生じていることも窺える。さらには、コロナ禍により対面的行動が制限される状況にあってもなお、本AMAPでは会員獲得に苦慮している旨が報告されている。他団体との競争や、他形態をとる流通との競合の中で顧客にして支援者となりうる会員の獲得に困難を抱えていることが窺えるのである[64]。

135

5 GRAAPによる再地域化のアクションリサーチ

　長経路流通へのアンチテーゼとして収益の地域外への流出を防ぎ、生産者の手に確保しようとする取り組みとして再地域化（relocalization）の動きを挙げることができる。オート＝ザルプ県では、アグロエコロジー的転換を目指すGRAAP（Groupe de recherche-action sur l'agroécologie paysanne：農民的アグロエコロジーに関するアクションリサーチ・グループ）が、そのアクションリサーチの中で、再地域化に関わる農家や関係団体と協働的活動を展開している[65]。フードシステムのグローバル化が農業の集約化と食品産業の拡大をもたらすとともに、環境へのネガティブな外部効果、農業と食料との明確な切断、フードシステムと地域システムの明確な切断をもたらしたとの問題意識を持ちながら、そうした動きに対抗するべく、生産、加工、流通、商品化、意思決定、消費までを包括することで、フードマイレージを減らし、農業食料産業モデルに内在するコストを削減するべくフードシステムを再構築しようとする取り組みである[66]。日本でいう地産地消的なものを生産者や流通関係者だけではなく、消費者や政策担当者も含めた地域のガバナンスの中で自律的に運営しようとするものである。

　このようなシステムの構築に向けて、例えば、県内の野菜生産に関わる調査、生産者団体や加工業者における再地域化の動きに関する調査、消費者向けの再地域化に関わるワークショップ、生産者の協同強化の動きの調査、食品流通経路やネットワークの地図化による啓発活動がされていたり、食料ガバナンスの考え方の提示、先進事例の紹介なども実施されている[67]。

　短経路流通も含みつつ、より地産地消に近い志向を持つとともに、広く食料ガバナンスのあり方の再考までをも視野に入れているのが特徴である。再地域化の実現に繋げるべく研究者や学生などが参加しつつ、多様な主体間の協働の中でアクションリサーチが実施されているのである。

Ⅵ　収益確保の動きと食料自律に向けた取り組み

6 菜園の再評価と食料に関わる自律

(1) 菜園の再評価の動き

　オート゠ザルプ県では収益確保の動きだけではなく、食料に関わる自律に繋がる動きも見られる。菜園の再評価の動きがそれであり、市民団体の取り組みや自治体による政策が実施されている。より包括的な意味での生活志向が検出できるとともに、さらに踏み込んで食料に関わる自律への志向までもが、そこには浮かび上がってきている[68]。

　例えば、自らも菜園を管理していたオート゠デュランス環境イニシアティブ常設センター（Centre permanent d'initiatives pour l'environnement de la Haute-Durance）が刊行した冊子で、ブリアンソネ地域の菜園を扱うものがあり、そこでは、菜園について、旧来からの住民だけではなく、他地域から到来した新住民であるネオ゠リューローもまた、その維持や管理に寄与しており、菜園に関わる作業は、創造性を発揮し、作物の成長を目の当たりにする喜び、生態系に寄与する喜び、いろいろな栽培方法を試行する喜び、自ら生産した野菜や果実等を享受する喜びなどに繋がるとして、その意義が評価されている[69]。物質的な生産活動としての意味だけではなく、より広く自然との触れ合い、生命現象との触れ合い、精神的な充実までをも包括する意味付けがされているのである。

(2) ジャルダン・パルタジェの例

　このブリアンソネ地域に所在するピュイ゠サン゠ピエールでは、住民からの要望を受けて、コミューンがジャルダン・パルタジェ（Jardin partagé：区画農園）を設置している。その経緯について、担当コミューン会議員が述べるところをドーフィネ゠リベレ紙の2021年3月19日付記事が伝えている。整理すると次のようになる。

　とりあえず、直接的には選挙で新しく選出されたコミューン会のアイ

137

ディアで創設されたのであるが、そのもとをただすと、選挙時に住民との協定をなす過程にて形成された要望による。コミューンで集合住宅が多く改築されたが、土地が付属しておらず、そこからコロナ禍の自宅待機の時期に自然への要望や配分の要望が浮かび上がってきたのである[70]。

　本ジャルダン・パルタジェの目的は、コミューンのホームページによると、①希望する住民全てに菜園スペースの利用を可能にすること、②地域と住民の食料に関する自律性の発展に寄与すること、③利用されていない農地を維持すること、④住民間の関係を構築し、新規移住者と経験豊かな菜園家を結びつけることで技能を継承することとされている[71]。これら目的を実現するために、具体的には6か所、8区画のコミューン有地片が利用に供されている。これら地片のうち、3つはコミューンの他計画との兼ね合いによりいつでも利用中断の可能性を孕むが、他は、とりあえず、2026年まで無料での利用が認められている[72]。

　このジャルダン・パルタジェには、利用者参加型運営委員会（commission participative jardins partagés）が置かれており、年1回、3月31日までに開催され、そこで区画の割り当てが実施される[73]。具体的には、各家族に100m²の区画が割り当てられる。あわせて、菜園の周辺部や道具、芳香植物や小果樹は共同管理に付される[74]。よって、利用者は、自身に割り当てられた区画を耕作し管理する義務と、共同部分の管理に協力する義務を負う[75]。

　化学肥料や農薬、遺伝子組み換え作物は禁止されている。環境と健康に鑑みてのことである。コンポストと厩肥は許可されており、ベリー類の灌木植え付けも許可されている。本ジャルダン・パルタジェにおける作物は全て自家消費向けに限られている。割り当ての対象となる区画は灌漑用水路による灌漑が可能なものが選ばれており、よって、利用者には関係土地改良許可組合の規則遵守と賦役供出が求められる。水の利用はあくまでも区画の灌漑のためにのみで、良識ある管理が求められる。生ごみ等による肥料を利用できるよう、各区画にはコンポスト用のスペースが付属する。

枯枝枯葉なども、その場にて可能な限り利用ができるよう、専用スペースに置くことができる。トラブルが発生し、当事者間で解決し得ない場合には、運営委員会が対処する。なお、事故等の場合にはコミューンや地片所有者[76]は責を負わず、利用者には保険加入が義務付けられる旨も規定されている[77]。

このピュイ＝サン＝ピエール・コミューンのジャルダン・パルタジェの取り組みでは、収益追求が志向されているのではなく、①自然や生物、生態系との関わりに対するニーズへの対応、②非利用農地の維持と有効活用、③新旧あわせた住民間の関係性構築、④食料の自律確保が志向されている。生産主義的な農業とは異なるあり方であり、人間や自然や生活のあり方を包括的に見直すような、そうした意味での生活志向の農業を追求する取り組みを、ここに見出すことができるのである[78]。

(3) 食料に関わる自律への志向

ここで見たジャルダン・パルタジェのような動きは、市民農園やクラインガルテン、都市農業のような形を取りながら、日本や世界でも存在する。そこには、食料の他給依存を相対化しようとの志向や、さらには経済、労働、生活のあり方も含めた現代社会や資本主義経済への対抗を内包するものが存在している。しかし、実際には、伝統的な自給的農業でも同様ではあるが、ここで見ているジャルダン・パルタジェも含めて、食料を完全に自給することはハードルが高く、実際には他給依存性を免れてしまうことは容易にできるわけではない。結局のところ、農業の局面ではないにしてもどこかで貨幣の調達は必要となる。が、しかし、その節約にはなりうるであろう。こうした取り組みは生活における他給依存性の低減につながり、ひいては自律性をより確保しうる可能性を秘めたものといえるのである。

7 農業における新しい動きの意義

　これまでに見てきた農業における新しい動きのうち、ジャルダン・パルタジェの取り組みでは、そもそも目的に食料自律に資することと謳われており、利用は家族消費のためにしか認められていないが、他の収益確保の取り組みもまた、単に収益を確保しようとするだけではなく、それに対応しながらも、同時により包括的に生活の成り立ちへの意識が現れているものがあり、そうした動きは、生活への回帰というよりも生活への回旋の動きと性格付けることができるものである。

　例えば、有機野菜生産者においては、生活、環境、健康などに関わるよりよいあり方が追求されており、生産主義的な農業のあり方を見直そうとする契機が含まれている。そうした見直しから生まれてくる農業は、近代化以前に見られたものの単なるリバイバルではなく、農業の近代化や資本主義経済の競争を経験した上でのものであるがゆえに、それへの対抗の意味を孕み持つ可能性を秘めるものとして位置付けることができよう。近代化以前の生活志向の農業とは異なる形であるので、その復元ではなく、収益追求を経た後に螺旋的に生活志向へと位相を異にしながら進行しつつある動きとでもいいうるものである。農業の生活志向への伝統回帰ではなく、あくまでも、それへの回旋として位置付けることができるものなのである。

　もっとも、それでもなお、他給依存性が広範に展開する現代社会においては、収益はやはり必要となる。しかし、本章で見てきた新しい動きにおいても、その確保は必ずしも常に可能であるとは限らない。AMAP de Veynesで見た新規参入の困難や離農を窺わせる例からもわかるであろう。あるいは、競争から完全に逃れることも難しく、他の販売組織への移籍が生じていることや会員獲得における困難性に、団体間競争や他形態を取る流通との競合が窺えることも指摘したところである。現在の経済のあり方が続く限り、新しい取り組みがされたとしても、収益の追求や競争から逃

140

れることはやはり難しいのである。

　しかも、そこで、収益の追求をより広い市場で実施しようとしても、オート=ザルプ県においては、自然的にも経済的にも不利な条件に制約されながらのことになる。このような条件に見舞われながら生産される農産物や加工食品を競争の中で販売し、収益を実現しなければならないのである。政策的支援や補助は存在するものの、必ずしもオールマイティーな保護になるとは限らない。自然的条件不利のゆえに競争力に劣る側面を抱える当県農業にとって競争はフィックスト・ゲームの様相を呈することになりかねない。この様な競争や経済のあり方を不変の前提とするならば、オート=ザルプ県の農業は、結局のところ、困難に直面してしまうことになるであろう。

●注

1）1960年以来のフランスにおける農業の動きは須田（2024）64-68頁で論じられている。

2）オート=ザルプ県の農業をめぐる情勢や問題の構造はPionetti et al.（2020），pp.132-189を参照。オート=ザルプ県の農業における情勢への対抗の動きはPionetti et al.（2020），pp.46-130を参照。

3）Direction régionale de l'alimentation, de l'agriculture et de la forêt（2023）. なお、2020年農業センサスで農業経営としてカウントされているのは、1 ha以上の経営規模を持ち、ただし、花卉等であれば20a以上の経営規模を持つか、あるいは、それと同等の経営のみである。

4）Pionetti et al.（2020），p.133.

5）Pionetti et al.（2020），pp.135-136. 共通農業政策の転換や改革は田中（2017）、72-82頁、平澤（2019）を参照。

6）Pionetti et al.（2020），p.152.

7）ここでは資産の総計に対する負債の合計の割合を指している（Pionetti et al.（2020），p.187）。

8）Pionetti et al.（2020），p.152.

9）フランスにおける農業者世帯の所得構成、貧困率、資産、負債率について須

田文明氏も論じている（須田（2022a）79-81頁を参照）。また、労働のきつさに加えて、柳田国男と柄谷行人氏の「孤立貧」の議論を援用しつつ、自死に関しても論じている（須田（2022a）、90-91頁、須田（2022b）、323-325頁）。

10）Pionetti et al. (2020), p.155.

11）Pionetti et al. (2020), p.82-88.

12）Direction régionale de l'alimentation, de l'agriculture et de la forêt (2010), p.4. あわせて、すでに、子ヒツジ生産においてラベル・ルージュや地理的保護表示の認証による収益確保の取り組みがあることも指摘されている。

13）本地域圏ではオート＝ザルプ県が最も多くのヒツジを飼育している（Direction régionale de l'alimentation, de l'agriculture et de la forêt (2021), p.1, Direction régionale de l'alimentation, de l'agriculture et de la forêt (2022), p.1）ので、その多くが長経路流通に向かっていることが窺えよう。

14）Pionetti et al. (2020), p.155. なお、Direction régionale de l'alimentation, de l'agriculture et de la forêt (2010), p.4にて、すでに、雌ヒツジの飼育への助成金や農環境に関わる措置に頼るところが大きいとの指摘がされている。

15）Pionetti et al. (2020), pp.166-167.

16）Pionetti et al. (2020), p.135. なお、オート＝ザルプ県の酪農における長経路流通の問題と短経路流通の取り組みはPionetti et al. (2020), pp.89-97を参照。

17）IV章で見たように、戦前のラベンダーも国際市場の動向に左右されていたので、それと似た不安定性に果樹栽培農家が晒されているともいえよう。

18）なお、霜害予防には散水式灌漑が効果的で、21世紀初頭の数字になるが、リンゴとナシの3分の2に導入されていた。ちなみに、点滴式灌漑システムはリンゴの5％にとどまっていた。雹害対策は、網掛けがリンゴの75％、ナシの58％に施されていた（Direction régionale de l'alimentation, de l'agriculture et de la forêt (2010), p.2）。

19）Pionetti et al. (2020), pp.161-164.

20）Direction régionale de l'alimentation, de l'agriculture et de la forêt (2023).

21）ただし、後に見る有機農業関連団体Agribio05の2022年の報告書によると県の有機農業の面積は3万4,883haで、その割合は42.7％とされている（Agribio05 (2022), p.4）が、両者の違いについて詳細を知ることはできなかった。

22）Pionetti et al. (2020), p.138.

23）Chambre d'agriculture des Hautes-Alpes (2020) を参照。

24）Direction régionale de l'alimentation, de l'agriculture et de la forêt (2023).

25）Chambre d'agriculture des Hautes-Alpes (2020)

26）Chambre d'agriculture des Hautes-Alpes (2020)

VI　収益確保の動きと食料自律に向けた取り組み

27) Direction régionale de l'alimentation, de l'agriculture et de la forêt (2023).

28) Chambre d'agriculture des Hautes-Alpes (2023), pp.19-20. なお、HVEとエ
ガリム法との関係について須田 (2021)、65-66頁でも触れられている。また、
須田 (2021)、59-61頁では、学校給食における有機農産物の利用について、フ
ランス西部のレンヌやフランス南東部のムーアン=サルトゥーの例によりつつ
論じられている。他に、エガリム法について、公的施設の給食や配食サービス
における有機食材調達との関連で論ずる関根 (2022) がある。また、エガリム
法を強化するべく、2021年に農業者の報酬確保に関わるエガリムII法が制定さ
れており、その目的と仕組みに関しては新山 (2023) を、エガリム法とエガリ
ムII法における生産コストを考慮した価格形成については新山他 (2023) を挙
げることができる。

29) なお、農業会議所は、国やヨーロッパの農業政策の受け皿的な役割を果たし
ており、1970年代から2000年代の間に、そうした位置付けを確立してきた。こ
うした経緯はPionetti et al. (2020), p.182を参照。

30) Chambre d'agriculture des Hautes-Alpes (2020) より集計。それぞれのラベ
ルについてChambre d'agriculture des Hautes-Alpes (2023), pp.26, 62-63を参照。

31) Direction régionale de l'alimentation, de l'agriculture et de la forêt (2023).

32) ただし、ワインの直販は含まないデータということである。なお、直販の動
きについて、Amemiya (2007) がフランス西部ブルターニュ地方を対象に分析
している。

33) Direction régionale de l'alimentation, de l'agriculture et de la forêt (2023). な
お、公的施設の給食や配食サービスについて、例えば、ピオネティらは、ブリ
アンソンの有機給食センターの例を挙げている。そこでは、9つの小学校、4
つの幼稚園、2つの高齢者施設に1日630食が供給されているとのことである
(Pionetti et al. (2020), pp.104-108)。なお、学校給食への地場農産物の供給は日
本でも取り組みが進められており、研究も多くあるが、最近のものとしてとり
あえず菊池他 (2024) がある。

34) RAB de PACA (SI), Agribio05 (2022), p.4を参照。

35) RAB de PACA (SI) を参照。

36) Agribio05 (2022), pp.6-14を参照。

37) 以下、本経営に関する情報はAgribio05 (2019-2022), pp.13-14を参照。

38) これは、社会的弱者の就労の場として有機栽培の共同農場を運営する非営利
団体で、各種給付対象者や更生施設収容者、ホームレスなどを受け入れ対象と
している。詳しくは石井 (2015)、207-210頁を参照。

39) 以下、これら6つの経営に関する情報はAgribio05 (2019-2022), pp.1-12を参照。

143

40）詳しくはPionetti et al.（2020），pp.109-114も参照。

41）EP05（SI）②を参照。

42）EP05（SI）①を参照。

43）EP05（SI）②，④を参照。

44）EP05（SI）③を参照。

45）EP05（SI）①を参照。

46）EP05（SI）①を参照。

47）EP05（SI）②を参照。

48）AMAP de Veynes（SI）②を参照。AMAPについて、他に、とりあえず、Lamine（2008），Amemiya（2011），羽生（2017）、雨宮（2019a）も参照。AMAPの取り組みを実践するパリ近郊のプレヌッフ農場が雨宮（2019b）で紹介されている。

49）Avenir bio（SI）を参照。

50）あるいはAgriSolBuëch（Agriculture Solidaire du Buëch：ビュエッシュ地域の連帯農業）とも呼ばれている。

51）AMAP de Veynes（SI）①の左欄に記載の各生産者に関わるサイト内リンク先の情報を取得した（取得日2024年5月17日）。

52）なお、2023年の総会資料や本AMAPのサイトと照合すると（照合日2024年5月17日）、生産物を提供する生産者には若干の入れ替わりがあり、畜産経営が2つ新たに生産物を提供している（AMAP de Veynes（2023），p.1）。加えて、2021年総会で生産物提供候補者であった者の中に2023年には実際に提供をしている者も存在する。ただし、逆に、2023年には提供を取りやめている経営も存在する。

53）AMAP de Veynes（2021），p.1. なお、本文中に登場する生産者①は2023年の総会資料では確認することができず、本AMAPのサイトで見ても生産物を供給していないようであるが、詳細は不明である。また、生産者②について、2023年の総会によると、その経営を継いでGAECを形成している生産者に連絡を試みるとされている。ただし、詳細は不明であるが、この生産者は季節をずらす形でのヤギとヒツジの飼育を実施しているとのことである（AMAP de Veynes（2023），p.4）。生産者③は、2023年の総会ではAMAPからの注文量が十分にあるとしているが、土地の取得と経営の継続性について困難を抱えているとのことである（AMAP de Veynes（2023），p.1）。

54）AMAP de Veynes（2021），pp.1-2. なお、生産者④について、2023年の総会によると、前年に比べて販路が縮小したと捉えているようで、引き続き本AMAPへの農産物供給を希望しているとのことである。あわせて、会員に野菜の扱いについて協力を要請している（AMAP de Veynes（2023），pp.2-3）。また、生産

VI　収益確保の動きと食料自律に向けた取り組み

者⑤は2023年の総会でも12ほどの契約を維持しているとの報告がされている（AMAP de Veynes（2023），p.3）。

55）日本の農業者においても利用が広がりつつあり、例えば、6次産業化事業に取り組む農業者について、広報機能の役割をも視野に入れて、その利用や効果を分析したものに八重樫他（2024）がある。

56）AMAP de Veynes（2021），p.2. なお、2023年の総会によると、生産者⑥は、ヒヨコ豆が獣害により収穫できなかったとのことである。また、小スペルトコムギは、オート＝ザルプ県産のものにAOPが適用されず、しかも、にもかかわらず生産は増大したために、価格が低下し、生産者⑥が小スペルトコムギ生産者の代表ということで、公共施設等の食堂に販路を見出そうとしている（AMAP de Veynes（2023），pp.3-4）。

　　また、同じく、2023年の総会によると、生産者⑦において、リンゴの収穫は良好で、ナシは少なく、2023年の注文は752kgであった（AMAP de Veynes（2023），p.4）。生産者⑧は、2023年にはジャムなどの加工品を供給しているようであるが（AMAP de Veynes（SI）①）、その年の総会では、上記のように生産者⑦の収穫は良好であったにもかかわらず、本生産者に関しては、またしても厳しい気象条件に見舞われ、生産が通常年の10％にとどまったとの報告がされている（AMAP de Veynes（2023），p.1）。

57）AMAP de Veynes（2021），p.2.

58）類似した言葉に「ネオ＝ペイザン（neo-paysans）」があるが、これは、「農家出身でも農業学校出でもないのに、農業を天職と信じて就農した人を示して」（羽生（2017），88頁）おり、ネオ＝リューローは同様の志向を持ちながら必ずしも農業者には限らない農村新住民を指している（ネオ＝ペイザンについて、とりあえずAllens et Leclair（2016），羽生（2017）を参照。ネオ＝リューローはRouvière（2015）を参照）。

59）AMAP de Veynes（2021），p.2. なお、2023年の総会によると生産者⑪は、夫婦で経営をしており、順調であることから、7か月の季節雇用も入れ、経営自立を目指す者の受入も考えている。また、有機認証に必要な放牧の実施と狼害防止とを両立できるよう家畜群管理法を改善している（AMAP de Veynes（2023），p.3）。

60）恐らく、この生産者は、スムーズな経営委譲を実現するべく、まずは、その若年農業者とGAECを結成し、経営としては、それを存続させながら、やがて、引退をしていく心づもりであったと考えられる。そして、実際、それが実行されたようで、2023年総会では、その若年経営者について順調との報告がされている（AMAP de Veynes（2023），p.1）。GAECの事例はフランス中東部ブルゴー

145

ニュ地方を中心に小倉（1994）で、フランス南西部オート＝ガロンヌ県オーザ所在のものについて山崎（2022）、200-205頁で紹介されている。

61）AMAP de Veynes（2021），pp.2-3.

62）AMAP de Veynes（2021），p.3.

63）AMAP de Veynes（2021），p.3.

64）なお、AMAPと類似した取り組みを実施する団体として「Court Jus（近距離ジュース）」がある。これは消費者の共同購入の組織で、1994年にイタリアで発祥したGAS（Gruppo di acquisto solidale：連帯購買グループ）を参考に2012年に設立されたものである。オート＝ザルプ県にて数100人規模の参加者グループが10グループほど存在するまでに拡大し、合計で3,000世帯ほどが参加している。AMAPとは異なり、契約を交わすわけではなく、消費者は自由な購入をすることができるため、柔軟性を持っているとのことである。ただし、ここでも生産者との連帯や信頼関係に立脚するものと謳われており、短経路流通を構築することで質の良い農産物の供給と公正な価格の成立を目指している。加えて、屠畜場などに関わる地域的な取り組みへの資金面での支援をしたり、あるいは、それでも生産者との契約に基づく予約購入を排除しているわけではなく、それを通じた生産者における投資の後押しもしている（Pionetti et al.（2020），pp.121-125. GASについて蔦谷（2019）も参照）。

65）GRAAP（SI）①を参照。なお、他にも、気候変動への対策と対応、地域の活性化、関連知識や技術の活用に関わる取り組みなどに関わるアクションリサーチを実施している。

66）GRAAP（SI）②を参照。

67）GRAAP（SI）②を参照

68）なお、フランスにおける市民農園の展開や中部ロアンヌ市広域連合での例、フランスの世帯における食料自給について須田氏が論じている（須田（2024）、69-71頁）。

69）Centre permanent d'initiatives pour l'environnement de la Haute-Durance（2008），p.40. なお、菜園に関わる伝統的な技術や作物、あるいは灌漑に関わる技術の展示のため、1996年にブリアンソネ地質鉱山協会がピュイ＝サン＝ピエール・コミューンに菜園を設置し（Centre permanent d'initiatives pour l'environnement de la Haute-Durance（2008），p.1）、2002年からはオート＝デュランス環境イニシアティブ常設センターが管理運営を担っていたが、財政的な問題もあり、事業の継続ができなくなり、2010年以降は放棄されるがままとなっていた。そうしたところ、2023年にアサを栽培する女性農業者により復元の申し出があり、再び活用がされようとしている（Société géologique et minière du Briançonnais

VI　収益確保の動きと食料自律に向けた取り組み

(s.d.), Le Dauphiné libéré (SI) ②, Mairie de PSP (SI) ①, ③を参照)。

70) Le Dauphiné libéré (SI) ③を参照。

71) Mairie de PSP (SI) ②を参照。あわせて、ここで、ジャルダン・パルタジェの発展が健康と幸福に好ましく、居住地近隣に外出し、地区住民と社会的交流を持ち、身体をリラックスさせる活動をしたり、アグロエコロジーと気候の問題に関して具体的に協力する機会を与えるものとの位置付けもされている。

72) Mairie de PSP (SI) ②を参照。ただし、法的には利用はあくまでも仮の形であり撤回可能なもの (précaire et révocable) とされている。

73) Mairie de PSP (SI) ②を参照。

74) Le Dauphiné libéré (SI) ③を参照。

75) Mairie de PSP (SI) ②を参照。

76) 上記のように今のところジャルダン・パルタジェにはコミューン有地のみが提供されているが、ドーフィネ=リベレ紙によると土地を所有する個人にもジャンルダン・パルタジェへの地片提供を呼び掛けているということで (Le Dauphiné libéré (SI) ③を参照)、そうした提供があった場合を考えてのことであろう。

77) Mairie de PSP (SI) ②を参照。なお、ピュイ=サン=ピエール・コミューン長によると、以前は、ジャルダン・パルタジェに対する支援がギャップとブリアンソンに限定されており、本コミューンも含めオート=ザルプ県のほとんどのコミューンは排除されていたところ、その後、都市圏に統合されている県のコミューンは支援の対象に含められたとのことである (Le Dauphiné libéré (SI) ①を参照)。

78) 実際、本ジャルダン・パルタジェの意義や役割について、運営委員会委員の1人が、土地との触れ合いの場であり、小規模ながらの食料の自律的生産の場でもあり、また、家族のための自然との触れ合いの場であるとともに、何よりも、人間のアドベンチャーの場であるとの趣旨を述べている (Le Dauphiné libéré (SI) ③を参照)。

147

VII
chapter

農業における
生活への回旋と経済のあり方

前章で見たように、近年、オート=ザルプ県では農業経営における収益確保の取り組みや食料自律に向けた取り組みがなされている。こうした動きは特殊なものでも孤立的単発的なものでもなく、資本主義経済のグローバル化の潮流の中、世界各地で検出することができる。その動向を押さえた上で、今後の経済のあり方に関わる示唆を汲み上げよう。

1 農業における生活への回旋と収益の必要

　前章で見たように、オート=ザルプ県では、農業における近代化の動きや流通における長経路化の動きへの対抗として収益確保を目指す動きが出現している。そうした形を取るのは、農業や生活のあり方を包括的に問い直しつつも、高度に分業が進む現代の資本主義経済では、農業においても生活においても他給依存性が深化しているため、それへの対応にはどうしても収益が必要となるからである。

　オート=ザルプ県の有機農業者の例では、販売や流通に関して十分な検討を経た上で収益を確保する必要が認識されていた。EP05では公施設の給食に関わる販路の確保が、AMAPでは産消提携による収益の確保が、そして、GRAAPによる再地域化の動きでは短経路流通の確立による収益の確保が目指されており、その実現に向けた取り組みがされていた。これらは、いずれも、環境問題や消費者との関係までをも射程に収める問題意識を孕んでおり、生産主義的な志向ではなく、自然との関係や経済のあり方にまで踏み込んだ包括的な生活志向を持つものである。高度に深化した現代の他給依存性に対応しつつ、こうした生活志向を実現しようとするもので、単なる伝統への回帰ではなく、前章で述べたように、それへの回旋と評価できるものである。

　ただし、こうした回旋の動きの中に収益確保の契機が孕まれているということは、市場競争の原理を相対化しようとするものではあっても、やはり、その影響を多かれ少なかれ受けてしまうことになる。AMAPの例で

VII　農業における生活への回旋と経済のあり方

は、会員獲得に苦慮しており、その背景に類似の団体や他形態を取る流通
との競争の存在を窺うことができた。あるいは、ネオ゠リューローにおけ
る経営自立の難しさが指摘されており、詳しい状況が説明されてはいな
かったが、経済的な側面や技術的な側面での困難により競争から退場せざ
るを得なかった事情が推察される。生活志向の農業であっても、収益が必
要であれば、市場競争から完全に逃れることはできない。収益確保の取り
組みがされていても、競争から完全に隔離されるわけでもない。場合に
よっては逆に、それに駆動され巻き込まれてしまうこともありうるのであ
る。

　確かに、日本に限らず、多くの国で、農業への補助や支援がされてい
る。それらによれば競争せずとも保護を受けられるように見える。しか
し、国際的な貿易交渉や圧力、他産業や消費者も含めた国内各主体の利害
や競合、あるいは補助政策に充てることができる予算の財政的制約に鑑み
れば、実際には、そうした支援にも自ずから限界がある。それはオールマ
イティーなものではなく、たとえ支援がされたとしても保護にまで至ると
は限らない[1]。

　あるいは、前章で見たジャルダン・パルタジェのように食料をめぐる自
律回復の動きであれば、確かに、それ自体は収益志向から免れている。し
かし、それでも生活全体で見ると他給依存性が残存していれば、どこかで
収益は必要となる。農業の局面でなくとも生活の中の経済活動において収
益なり所得なり何らかの形での貨幣の取得が迫られる。ここでも、それか
ら免れ得るわけではないのである。

　いずれにせよ、現代の経済システムの中で他給依存性を抱えながら暮ら
す我々は、どこかで貨幣を獲得しなければならない。それなくしては生活
も生命の維持も難しい。しかも、新自由主義的グローバリズムの潮流によ
り競争原理が浸透していく中で、ますます、その強迫から逃れることが困
難になりつつある。降りることのできない競争へと駆動されていく。それ
を回避するためには、どうしても社会や経済のあり方そのものの見直しが
必要になるのである。

151

2 経済のあり方と展望

(1) 収益志向への潮流と対抗の動き

　オート＝ザルプ県における生活志向型農業への回旋の動きは特殊なものでも例外的なものでもない。新自由主義的グローバリズムの伸長の中、世界各地で、農業経営における収益志向の顕現が見られるとともに、濃淡を帯びながらではあるが、対応や対抗としての回旋の動きを検出することができる。

　まず、収益志向に関する動きを見よう。アメリカ合衆国では20世紀中ごろから伝統的な家族農場が衰退し、農業の工業化やアグリビジネス企業の影響力増大の動きが見られる。その中で農業における生産主義的な傾向が強化され、収益志向が高度に顕現している[2]。オーストラリアでも、国際市場のニーズや競争の影響により、農業経営の規模拡大、効率化、資本集約化が進み、家族経営が衰退する一方で大規模な企業的経営が出現している[3]。

　ブラジルでは1970年代後半以降、農地開発が進められ、例えば、ダイズにおいて、生産量や輸出量がアメリカ合衆国に次ぐ規模になるなど、大きな発展を遂げている[4]。東南アジア、アフリカなどでは植民地支配の歴史を背負いつつ、経済的な状況に応じて、新しい作物を導入するなどして、今でも大規模プランテーション経営が存在する[5]。緑の革命を達成した地域であれば、穀物の近代的高収量品種の栽培に必要な化学肥料や生産資材などの他給依存性が深化したことにより、収益志向が強化されたと考えられるであろう[6]。

　そして、アメリカ合衆国やオーストラリアなどの企業的大経営に押される形で、ヨーロッパや日本、アジア、ラテンアメリカでも家族農業までもが収益追求に駆動される状況になっている。アフリカでも、化学肥料やトラック、携帯電話などの利用により、経営や生活における他給依存性が拡

VII　農業における生活への回旋と経済のあり方

大する傾向が見られ[7]、その対応のために、ここでも収益の必要が強化されていると考えられる。さらにいえば、アメリカ合衆国やオーストラリアにあっても、すべてが大規模企業経営であるわけではなく、実際には家族経営も残存しており、それらもまた競争にさらされつつ生産主義的な圧迫を受けている[8]。

　こうした圧迫や圧力に対抗するべく、我々がオート=ザルプ県について見たように、収益を確保しようとする動きもまた世界各地で検出できる。そもそも、収益志向が高度に顕現しているアメリカ合衆国において、日本の産消提携の取り組みに影響されたともいわれるCSAが発祥しているが、それは、小規模生産者が、オーガニックさ、新鮮さ、顔の見える関係、消費者との距離に強みを持つがゆえに、それを生かせるように消費者とのプラットフォームとして設立されたものである[9]。

　有機農業の取り組みも多くの国で実践されている。食の安全性や信頼性の確保とともに、そもそもが農業や生活のあり方の見直しから始まった動きであるが、そうした動きを踏まえつつも、高付加価値を実現することで生産者の収益確保にも繋がりうるものである[10]。同じく、収益確保を目指した経営の多角化も広く実施されており、グリーンツーリズム、再生可能エネルギーに関わる取り組み、食品加工などが、あるいは各種認証評価の整備や取得が行われている[11]。ラテンアメリカやアフリカなど途上国ではフェア・トレードの取り組みがされており、ここでも生産者に公正な収入が実現するようなシステムの構築がされようとしている[12]。

　国内市場が飽和しつつある中、海外市場で活路を見出すべく、大規模経営やアグリビジネスが、自由主義的な潮流を巻き起こしつつ、GATTやWTOなど国際交渉の場において推し進められてきた農産物貿易の自由化を利する形で、影響力を拡大している。効率性や生産性をめぐる競争が激化し、生産主義的な潮流が強化されている。1980年代後半から、アグリビジネスが国際展開を始めるが、それは国内市場が飽和しつつあったところ、より大きな市場を確保し、より多くの収益を追求するべく、貿易の自

153

由化に向けた圧力を伴いながら国外へと市場を求めたがゆえである。食品加工、食品流通、農業生産財部門において競争が激化し、生き残りをかけた効率化、規模拡大が国際的な再編を伴いながら進行したのである。こうした動きの中でアグリビジネスが生産者に対して力を持つようになり、それでいて、彼らの間でも厳しい競争があり、生き残りのためにさらなる効率化や収益性を追求する中で生産者に対する圧迫が生じ、その収益が削られてしまうメカニズムが作動しつつあるのである[13]。そうした情勢を目の当たりにして、世界各地の農業者が、競争力や生産性、あるいは経済的交渉力の面で不利を抱えながらも、上に見たような取り組みを通して収益を確保しようとしているのである。

そして、そうした取り組みには大きな趨勢への対抗の契機が含まれているがゆえに、その中から、農業のあり方や食のあり方、ひいては、それらを包括する経済のあり方を問い直す動きが生み出されてきている。農業の根源的な意義と農業者の生活の意義を踏まえつつ、それら意義が軽視されかねない競争に晒される中、新自由主義的グローバリズムの潮流に対抗しようとの動きが展開しつつあるのである[14]。

(2) 資本主義経済の歴史性と特殊性

資本主義経済の中に暮らす我々には認識しにくいところがあるが、こうした経済のあり方は当たり前のものではなく、歴史的変化のプロセスの中から形成されてきたものに過ぎない。確かに、市場や貨幣、交易や他給依存は古くから存在するが、それらが経済の基幹部分を覆いつつ、広く展開したのは、人類の歴史の中でも最近のことであり、せいぜい、250年程前のイギリス産業革命の頃から拡大を始めたに過ぎない。

このように歴史的に見て特殊なシステムである資本主義経済を律する市場の競争原理は、現在、新自由主義的グローバリズムの潮流に乗る形で世界に与える影響を輻輳的に拡大している。GATTやWTO、あるいはFTAやTPPなどの枠組みの中で農産物貿易の自由化や関税の削減撤廃が推し進

められてきた。こうした趨勢の中で農業経営は収益を追求しなければならない。すでに述べたように、支援や補助があったとしても、保護にまで達するとは限らない。兼業や出稼ぎ、副業なども地域経済の状況や、国の経済発展の度合いによっては可能とは限らない。であるならば、やはり農業経営においても収益を追求しなければならなくなる。

　市場のシェアや品質、付加価値の面も含め競争があり、それに打ち勝つには効率化や技術革新が求められる。それができなければ収益は上がらず、生き残ることはできない。しかも農業の場合、その競争には自然条件がより大きく影響を及ぼす。決して同じ条件下に置かれて競争が展開するのではなく、オート＝ザルプ県のように自然条件の不利性に見舞われる地域では顕著にフィックスト・ゲーム性が立ち現れてくる。

　上に述べたように、市場の原理や競争への駆動、他給依存の深化が広範なまでに進んだ経済のシステムは人類の歴史の中では特殊なものである。にもかかわらず、その特殊なものをあたかも普遍的にして不変的なものと捉えるならば、収益の強迫もまた普遍的にして不変的なものとなりかねない。しかし、人間の生活や生命を削り取りかねない強迫を普遍にして不変とするシステムはあってはならない。そのようなシステムは回避しなければならない。経済のあり方そのものの再考が必要な所以である。

(3) 経済のあり方と展望

　新自由主義的グローバリズムが広がる中、農業に関わる諸主体が国際的な競争に巻き込まれつつある。そこでは、効率化、規模拡大、寡占化、競争力強化が求められ、収益をめぐる競争、規模をめぐる競争、市場占有をめぐる競争、効率性をめぐる競争が展開し、しかも、それが実際に生産者における低収益性の問題や消費者における食の安全性、信頼性をめぐる問題を引き起こしてまでいる。フードシステムの国際化は物質的に見て豊かな食生活を実現しうるものであり、農業の近代化も豊かな食生活を実現しうるものともいいうるが、しかし、生き残りをかけた競争の中に置かれる

と、そのような面だけを見ているわけにはいかない。

あるいは部分的に競争から免れえるとしても、あくまでも限定されたものに過ぎない。資本主義経済の中にあって他給依存性が経営や生活から廃することができないのであれば、どうしても収益の必要に追われることになり、ひいては収益の強迫の契機が生ずることになる。

確かに、他給依存性を相対化しようとするかのように、オート＝ザルプ県のジャルダン・パルタジェに類似する形で食料自律に向けた動きが世界の各地で出現している。日本では、例えば、半農半Xや半日農業論の動きの中で、農業や食に関わる他給依存性を低下させ、それらを市場経済のロジックで処理するのとは異なるあり方が提唱され実践されている[15]。韓国でも田園回帰の動きの中で同様の潮流が生まれている。農業生産の自給水準を超えて実践しようとすると、労働や規格への対応などのため、生活に無理が生じてしまうところ、自給的農業であれば、それらを回避できるとともに、市場経済の価値基準を超えた効用が得られるとの意識に基づくものである[16]。

イギリスでは1970年代から都市部にシティ・ファームが設立され[17]、アメリカでも例えば自動車産業で発展しながら、その後、荒廃の様相を呈したデトロイトにて、食や栄養、健康に関わる問題への対策から都市農業への関心が高まっている[18]。アフリカでも販売収入も視野に入れつつも、構造調整政策による補助金廃止の影響で食料価格が高騰したこともあり、都市貧困層の食料自給に鑑みた都市農業が広がりつつある[19]。

以上のような取り組みは、完全自給ではなくとも、自給部分を増大させていくことや、他給部分を減少させていくことに繋がるものである。とはいえ、深化した他給依存性を軽減できたとしても、現代における生活全般にわたるような依存性に鑑みれば、そこからの自律をかなりの程度で実現することはやはり難しい。それには、他給依存のあり方や富の分配のあり方までをも含めた形で経済のあり方を再考する必要がある。

現在、新自由主義的グローバリズムの波に対抗するかのように、収益確

VII 農業における生活への回旋と経済のあり方

保の取り組みを含めた生活志向の農業への回旋の動きがみられる。それは貴重な動きではあるが、そうした回旋の動きにとどまるのではなく、より深く経済のあり方そのものを問い直すことが必要である。結局のところ、他給依存性が解消できないのであれば、そして他給依存物の調達のあり方が現在と同じままであれば、どうしても収益の追求が必要となり、ひいては、そこに強迫への回路が開かれてしまうことになる。競争原理への駆動が残存しているのであり、それはすなわち収益の強迫の契機が残存していることを意味するのである。

　市場メカニズムの枠組みが変わらないのであれば、結局、競争に回収されてしまう。であるならば、もはや社会や経済のあり方から見直さなければならない。自由自在に変革できるわけではないかもしれないが、あるいは、オルターナティブなあり方に一撃にして転換できるものではないかもしれないが、しかし、あるべき社会や経済のあり方を、とりあえずは統制的な理念として置きつつ、今ある社会の中の先駆的な動きを拡大させていくことが必要である。こうした動きの中から次の経済のあり方を見出さなければ、結局のところ、身体と精神とをフィックスト・ゲームの中で削られ続ける現システムに回収されてしまう。コンヴィヴィアリテ（共歓）を破砕することなく他給依存性を処理できる経済システムの構築が我々には必要とされているのである。

●注

1）ちなみに、日本について、自由化の圧力に晒され続けたことで、平均関税率が11.7％と低く、野菜の多くはわずか３％で、しかも、高関税の農産物は品目数で１割に過ぎず、他の９割ほどは世界での産地間競争の中にあり、そもそも世界最大の農産物純輸入国であるとの指摘がされている（鈴木・木下（2017）、10頁）。

2）矢ケ崎（2011）、62-63頁。

3）菊地（2014）、124-127頁。

157

4）丸山（2013）、92-97頁。

5）東南アジアに関しては、例えば、アブラヤシの大農園について中島（2021）、林田（2021a）、林田（2021b）を参照。アフリカに関しては、例えばエチオピアにおける農園開発について松村（2017）、61-63頁を参照。

6）東南アジアにおける緑の革命は、とりあえず、横山（2014）、56-57頁、インドにおける緑の革命は、とりあえず、梅田（2013）、39-41頁を参照。

7）杉村・鶴田・末原（2023）、32頁。

8）アメリカ合衆国について矢ケ崎（2011）、62-63頁、門田（2019）、10頁、オーストラリアについて菊地（2014）、127頁を参照。

9）門田（2019）、12-13頁。CSAについて波夛野・唐崎（2019）を参照。

10）例えば、ヨーロッパ（主にフランスについてであるが）は石井（2015）、韓国は金（2011）、96-98頁、タイは金（2011）、149-150頁、中国での取り組みは楠本・中島（2018）を参照。

11）例えば、イギリスでの取り組みは井原（2017）、171-174頁、オーストリアでの取り組みは三浦（2017）、イタリアでの取り組みは木村（2022）、81-91頁を参照。

12）メキシコでの取り組み例は新木（2018）、57-58頁、アフリカ・キリマンジャロ西部での取り組み例は辻村（2021）、246-271頁を参照。

13）このような新自由主義的グローバリズムの潮流が農業に与えた影響について村田（2019）を、その中でのアグリビジネスの動きは久野（2017）を、そして、農産物貿易の自由化と日本農業への影響は加賀爪（2017）を挙げることができる。

14）対抗の動きの象徴的な例がジョゼ・ボヴェらによる運動である。アメリカにて経済的な回転速度を増すべく肥育牛にホルモン剤を投与していたところ、欧州連合では人体に影響があるとしてかねてより域内でそれを禁止するとともに、それを利用した牛肉等の輸入を禁止していたが、それに対してアメリカは欧州連合を提訴し、WTOの裁決と欧州連合の動きを受けて、1999年に報復関税を設定するに至った。そして、その対象の中にボヴェの居住地近辺の地域の経済的支柱であり、また、その食文化の精髄ともいえるロックフォール・チーズが含まれていた。そこで、ボヴェらは、経済の自由化への対抗と地域の食や農業の防衛を訴えるべく、1999年に、フランス中南部ミヨーのマクドナルドの店舗を解体した。その動きは国際的な連帯を形成するまでになり、同年のWTOシアトル会議を不首尾なものへと追い込んだ（ボヴェらの運動について、とりあえず、ボヴェ、デュフール（2001）、アリエス、テラス（2002）を参照）。

　また、世界的な農民運動組織であるビア・カンペシーナの動きも重要である。この組織は、食料主権を重視しつつ、大国、多国籍企業、WTO、IMF、世界

VII　農業における生活への回旋と経済のあり方

銀行などが推し進める新自由主義政策に対抗しながら、家族農業経営者や農業労働者が連帯し、他の社会運動やNGOと共同で、食料問題と農業問題に対応しようとの目的を持ち活動を展開している（ビア・カンペシーナについて、真嶋（2011）がある。なお、食料主権の議論に関連して国連における「食料への権利」をめぐる議論について久野（2011）がある）。国連においても、2014年の「国際家族農業年」や「国連家族農業の10年」を設定するなど、大規模化や効率化を志向する生産主義的な農業からの脱却に結びつく可能性を孕む動きが展開を見せようとしている（国連世界食糧保障委員会専門家ハイレベル・パネル（2014）、小規模・家族農業ネットワーク・ジャパン（SFFNJ）（2019）、農民運動全国連合会（2020）をとりあえず参照）。

15）こうした動きについて、とりあえず、伊丹（2012）、177-178頁ならびにそこで参照している文献を参照。

16）大前（2017）、226-232頁。

17）井原（2017）、174-175頁。

18）コックラル=キング（2014）、227-243頁。

19）上田（2017）、92-93頁。

あとがき

　本書は、フランス南部山岳地オート＝ザルプ県を対象として農業における収益志向と生活志向をめぐる動きや変化を扱ったものである。この10年ほどの間に茨城大学の農学部専門科目や基盤科目、放送大学の専門科目として担当した授業の内容をベースの一部とした参考書や副読本として執筆されている。これら授業を聴講して下さった学生の皆さんに対し、あらためて、ここに記して感謝の意を表したい。なお、今回の執筆に当たっては、関連する文献の十分な渉猟ができておらず、また、文書館史料や現地調査の実施もできていない。よって、より深い内容は、とりあえず、本書で挙げた文献や、そこで紹介されている文献ならびに関連行政部局や関連団体の資料、あるいはオート＝ザルプ県文書館などに所蔵されている史料等に当たるようにしてほしい。

　筆者は、これまで、主として19世紀を対象に研究を続けてきたが、本書では20世紀以降の動きも扱っている。上記の授業で、そうした内容を扱ったからであるが、今回の執筆の作業の中で、あらためて、昨今の新自由主義的グローバリズムの影響が農業や食に関わる局面において重大な問題を発現させていることを認識するとともに、このような状況が出来した遠因の１つとして19世紀以降の資本主義経済の展開を位置づけること、それを踏まえた上で20世紀以降の動きを性格づけることの必要を認識するようになった。当初はあまり意識していたわけではなかったが、知らずのうちに、本書の執筆がいつの間にかそうした作業に向けた準備をかねるものとなっていた。

　これまでに刊行してきたオート＝ザルプ県を対象とする書物と同じく、今回の書物も御茶の水書房から出版することができた。大変に有難く思う次第である。是非にとの懇請を容れて下さった橋本盛作社長と小堺章夫氏

にここに記して感謝の意を表したい。また、学会や研究会など様々な局面で、いろいろな先生方や研究者の方から助言や励ましを多くいただいた。同じく、ここに記して感謝の意を表したい。

　大学の状況は依然として厳しい。競争原理が入り込みつつあるとともに、その競争は、物理学の理論でいう質点とは異なり具体性を孕み持つ主体が種々の具体的な条件に制約されながらなされるものである。こうした具体性は平滑にはしえないため、結局のところ、競争がフィックスト・ゲームの如くになりながら、その中で各主体が成果を強いられ求められる状況に陥っている。

　しかし、翻って見るに、ビジネスの世界ではより激越な形で同様の事態が出来している。中小企業、個人事業者、労働者、会社員、そして農業生産者の方々は、より強力なフィックスト・ゲームの如きものへと駆動され、巻き込まれ、収益や成果を強迫されている。このような現代の資本主義経済のあり様を見れば、その見直しと変容とが必要であると考えざるをえないであろう。競争を勝ち抜くために、切磋琢磨ということもあるかもしれないが、むしろ、生活と潜在能力とを削りながら、自らには外形的な成果を要領よく確保しつつ、他へは牽制と掣肘をというような行動様式がはびこることになりかねない。が、そのようなことのために我々は日々の暮らしを営んでいるわけではない。

　これまで、学界以外の場にいる方に大きな助力を受けてきている。もうすでに30年以上も前のことになるが、偶然、お会いすることがなかったならば、間違いなく、ここまで研究を続けることはできなかった。ここに記して心からの感謝の意を表したい。

　　　2024年7月21日

　　　　　　　　　　　　　　　　　　　伊丹一浩

　〔付記〕本書は、日本学術振興会科学研究費補助金基盤研究C（課題番号21K00937）による研究成果の一部である。関係各位に謝意を表したい。

参考文献・参考ホームページ一覧

1.外国語文献

Agribio05（2019-2022）'Fertibio 05 : Fermosocopies 2018-2020 des fermes du groupe', https://www.bio-provence.org/IMG/pdf/2022-gieefertibio05-fermoscopies-provisoire.pdf（2023年12月21日にダウンロード）。本資料は、GIEE fertibio プロジェクトの枠組みで作成された有機野菜農家の経営を紹介する情報カードである。資料自体には頁番号が付されていないため、本書では参照箇所のPDFの頁数を記載しておいた。

Agribio05（2022）, 'Panorama, Rapport d'activités - Edition 2022. Une année de développement de l'agriculture bioloqique dans les Hautes-Alpes', https://e.pcloud.link/publink/show?code=XZDqeuZDsFrsdYBt1F6FAwPCfPE2RkEM5oy#returl=https%3A//e.pcloud.link/publink/show%3Fcode%3DXZDqeuZDsFrsdYBt1F6FAwPCfPE2RkEM5oy&page=login（2023年12月21日にダウンロード）

Alary, E.（2016）*L'histoire des paysans français*, Perrin.

Allens, G. d' et L. Leclair（2016）*Les néo-paysans*, Editions du Seuil.

AMAP de Veynes（2021）'AGO Agrisolbuech 2021', http://agrisolbuech05.free.fr/IMG/pdf/CR_2021（2023年10月31日にダウンロード）

AMAP de Veynes（2023）'Compte rendu de l'Assemblée générale d'Agrisolbuech', http://agrisolbuech05.free.fr/IMG/pdf/CR_AG_nov_2023.pdf（2024年 5 月17日にダウンロード）

Amemiya, H.（sous la direction de）（2007）*L'agriculture participative. Dynamiques bretonnes de la vente directe*, Presses universitaires de Rennes.

Amemiya, H.（sous la direction de）（2011）*Du Teikei aux AMAP. Le renouveau de la vente directe de produits fermiers locaux*, Presses universitaires de Rennes.

Besson-Lecrinier, S.（2009）'Histoire et art', in S. Besson-Lecrinier, J.-Cl. Duclos, A. Faure et Ch. Roux, Ph. Moustier, *Hautes-Alpes*, Christine Bonneton, pp.7-73.

Besson-Lecrinier, S., J.-Cl. Duclos, A. Faure, Ch. Roux et Ph. Moustier（2009）*Hautes-Alpes*, Christine Bonneton.

Blanchard, R.（1925）*Les Alpes françaises*, Armand Colin.

Blanchard, R.（1950）*Les Alpes occidentales. 5. Les grandes Alpes françaises du sud*, deuxième volume, Arthaud.

Bonnaire, F.（1801）*Mémoire au ministre de l'intérieur, sur la statistique du département des Hautes-Alpes*, l'Imprimerie des Sourds-Muets.

Boutaric, J.-J.（2014）*Les Escartons du Briançonnais*, Anfortas.

Briot, F.（1881）*Etude sur l'économie pastorale dans les Hautes-Alpes*, Bureaux de la revue des eaux et forêts.

Brun, J.-P.（1995）*Paroisses et communes de France. Dictionnaire d'histoire administrative et démographique. Hautes-Alpes*, CNRS.

Buffault P.（1913）*Le Briançonnais forestier et pastoral, essai de monographie*, Berger-Levrault.

Centre permanent d'initiatives pour l'environnement de la Haute-Durance（2008）*Jardins et choulières en Briançonnais. Découvrez le jardin des Canaux à Puy-Saint-Pierre*, Editions Transhumances.

Cépède, M. et al.（1951）'L'utilisation des tracteurs agricoles dans quelques régions de la France（résultats d'une enquête dans 500 exploitations agricoles)', *Bulletin de la société française d'économie rurale*, 3-1, pp.7-66.

Chaix, B.（1845）*Préoccupations statistique, géographiques, pittoresques et synoptiques du département des Hautes-Alpes*, Allier.

Chambre d'agriculture des Hautes-Alpes（2020）'Fiches portrait de l'agriculture des Hautes-Alpes', https://paca.chambres-agriculture.fr/la-chambre-dagriculture-des-hautes-alpes/nos-publications/territoire-environnement/の右上に掲載されている各地域ごとのリンク先より2023年12月31日にダウンロード）

Chambre d'agriculture des Hautes-Alpes（2023）*Bilan d'activités 2022*, https://www.calameo.com/read/0027570792cff6d97d56f（2023年12月31日にダウンロード）

Chauvet, P.（1995）*Les Hautes-Alpes*, Ophrys.

Chauvet, P. et P. Pons（1975）*Les Hautes-Alpes. Hier, aujourd'hui, demain …*, 2 tomes, Société d'études des Hautes-Alpes.

Comité des travaux historique et scientifiques（1914）*La statistique agricole de 1814*, F. Rieder et Cie, éditeurs.

Direction régionale de l'alimentation, de l'agriculture et de la forêt（2010）'Portrait agricole : Les Hautes-Alpes, Une agriculture de montagne associant pommes et poires dans la vallée de la Durance avec élevage et pastoralisme en altitude', *Agreste. Provence-Alpes-Côte d'Azur. Etude*, no 53, http://sg-proxy02.maaf.ate.info/IMG/pdf_D0510A02.pdf（2022年4月15日にダウンロード）

Direction régionale de l'alimentation, de l'agriculture et de la forêt（2021）

'L'agriculture, l'agroalimentaie et la forêt dans les Hautes-Alpes', *Agreste*, https://draaf.paca.agriculture.gouv.fr/IMG/pdf/120-2-Portrait_DEP05__MAI_2021_cle013664.pdf（2023年12月31日にダウンロード）

Direction régionale de l'alimentation, de l'agriculture et de la forêt（2022）'L'agriculture, l'agroalimentaie et la forêt dans les Hautes-Alpes', *Agreste*, https://draaf.paca.agriculture.gouv.fr/IMG/pdf/portrait-dep05-24_aout_22.pdf（2022年4月16日にダウンロード）

Direction régionale de l'alimentation, de l'agriculture et de la forêt（2023）'Fiche territoriale détaillée RA 2020 « Hautes-Alpes»', *Agreste*, https://draaf.paca.agriculture.gouv.fr/IMG/html/ftd_ra2020_hautes_alpes.html（2023年12月28日にダウンロード）

Dumont, R.（1951）*Voyages en France d'un agronome*, Editions M.-Th. Génin, Librairie de Médicis.

Dumont, R. et Fr. de Ravignan（1977）*Nouveaux voyages dans les campagnes françaises*, Editions du Seuil.

Farnaud, M.（1811）*Exposé des améliorations introduites depuis environ cinquante ans dans les diverses branches de l'économie rurale du département des Hautes-Alpes*, Allier.

Faure, M. aîné（1823）*Statistique rurale et industrielle de l'arrondissemen de Briançon, département des Hautes-Alpes*, Allier.

Fine J.-P.（2015）*La principauté des libertés ou la République des Escartons*, Editions Transhumances.

Gervais, M., M. Jollivet et Y. Tavernier（1976）*Histoire de la France rurale*, tome 4, Editions du Seuil.

Guicherd, J., J. Hidoux et E. Vernet（1933）*L'agriculture du département des Hautes-Alpes*, Imprimerie Bernigaud et Privat.

Guiter, J.（1948）*Les Hautes-Alpes: les paysages, les hommes, l'histoire*, Louis Jean Imprimeur-Editeur.

Joanne, A.（1882）*Géographie du département des Hautes-Alpes*, 2e édition Hachette.

Lachiver, M.（1997）*Dictionnaire du monde rural : les mots du passé*, Fayard.

Ladoucette, J.-C.-F.（1848）*Histoire, antiquités, usages, dialectes des Hautes-Alpes*, troisième édition, Gide et Cie.

Lamine Cl.（avec la collaboration de N. Perrot）（2008）*Les AMAP : Un nouveau pacte entre producteurs et consommateurs ?*, Editions Yves Michel.

Le Bonniec, Y. et le Centre de l'Oralité Alpine（2014）*L'arrivée du tracteur dans les*

Hautes-Alpes. 1945-1970, Editions Transhumances.

Meizel, J. (1927) *Essai historique sur les Hautes-Alpes des origines à 1820*, tome premier, Louis Jean, Imprimeur-éditeur.

Ministère de l'agriculture (1936) *Statistique agricole de la France. Résultats généraux de l'enquête de 1929*, Imprimerie nationales.

Ministère de l'agriculture, du commerce et des travaux publics (1867) *Enquête agricole*, 2ᵉ série, Enquête départementale, tome 25, Imprimerie impériale.

Ministère de l'agriculture et du développement rural (1973) *Recensement général de l'agriculture. 1970-1971. Inventaires communaux*, Service de stastistique agricole.

Ministre de l'agriculture, du commerce et des travaux publics (1858) *Statistique agricole* (Statistique de la France, deuxième série), Imprimerie impériale.

Moulin, A. (1988) *Les paysans dans la société française. De la Révolution à nos jours*, Edition du Seuil.

Moustier, Ph. (2006) 'Déprise agricole et mutations paysagères depuis 1850 dans le Champsaur et le Valgaudemar (Hautes-Alpes)', *Méditerranée - revue géographique des pays méditerranéens*, 3-4, pp.43-51.

Moustier, Ph. (2009a) 'Economie et société', in S. Besson-Lecrinier, J.-Cl. Duclos, A. Faure et Ch. Roux, Ph. Moustier, *Hautes-Alpes*, Christine Bonneton, pp.265-294.

Moustier, Ph. (2009b) 'Milieu naturel', in S. Besson-Lecrinier, J.-Cl. Duclos, A. Faure et Ch. Roux, Ph. Moustier, *Hautes-Alpes*, Christine Bonneton, pp.209-263.

Pionetti, C., V. Dubourg, R. Kuentz, M. Lourdaux et M.Mallen (2020) *<<Dessine-moi la transition agroécologique ! >> Comment transformer l'agriculture et l'alimentation sur un territoire ?*, Groupe de recherche-action sur l'agroécologie paysanne.

Rambaud, L. (2006) *La vie autrefois dans nos campagnes. De 1930 à 1950. Un exemple : la commune de Sigoyer*, Editions des Hautes-Alpes.

Rouvière, C. (2015) *Retourner à la terre. L'utopie néo-rurale en Ardèche depuis les années 1960*, Presses universitaires de Rennes.

Sclafert, Th. (1926) *Le Haut-Dauphiné au Moyen Age*, Sirey.

Société géologique et minière du Briançonnais (s.d.) 'Canal SGMB', https://sgmb.fr/_media/histoire-sgmb-canaux-photos-241217.pdf (2024年4月9日にダウンロード)

Veyret, P. (1945) *Les pays de la moyenne Durance alpestre (Bas Embrunais, Pays de Seyne, Gapençais, Bas Bochaine), Etude géographique*, Arthaud.

参考文献・参考ホームページ一覧

Vivier, N.（1992）*Le Briançonnais rural aux XVIIIe et XIXe siècles*, L'Harmattan.

Vivier, N.（2002）'La « république des escartons », entre Briançonnais et Piémont（1343-1789)', *Annales du Midi*, tome 114, no240, pp.501-522.

2.日本語文献

雨宮裕子（2019a)「フランスの農業事情とアマップの成立・展開」波夛野豪・唐崎卓也編著『分かち合う農業CSA～日欧米の取り組みから～』創森社、82-106頁。

雨宮裕子（2019b)「安全な農産物を供給し、緑地を守るフランス・プレヌッフ農園」波夛野豪・唐崎卓也編著『分かち合う農業CSA～日欧米の取り組みから～』創森社、231-246頁。

新木秀和（2018)「多様な農業——企業的農業から零細農まで——」石井久生・浦部浩之編『世界地誌シリーズ10中部アメリカ』朝倉書店、45-59頁。

アリエス、テラス（2002)『ジョゼ・ボヴェ　あるフランス農民の反逆』(杉村昌明訳）柘植書房新社。

飯沼二郎（1987)『増補 農業革命論』未来社。

石井圭一（2002)『フランス農政における地域と環境』農山漁村文化協会。

石井圭一（2015)「ヨーロッパの有機農業——発展途上のフランスを中心に——」中島紀一・大山利男・石井圭一・金氣興著『有機農業がひらく可能性　アジア・アメリカ・ヨーロッパ』ミネルヴァ書房、179-232頁。

伊丹一浩（2003)『民法典相続法と農民の戦略——19世紀フランスを対象に』御茶の水書房。

伊丹一浩（2011)『堤防・灌漑組合と参加の強制——19世紀フランス・オート＝ザルプ県を中心に』御茶の水書房。

伊丹一浩（2012)『環境・農業・食の歴史　生命系と経済』御茶の水書房。

伊丹一浩（2020)『山岳地の植林と牧野の具体性剥奪——19世紀から20世紀初頭のフランス・オート＝ザルプ県を中心に』御茶の水書房。

伊丹一浩（2022)『製酪組合と市場競争（フィックスト・ゲーム）への誘引——19世紀中葉から20世紀初頭のフランス・オート＝ザルプ県を対象に』御茶の水書房。

市川康夫（2020)『多機能化する農村のジレンマ——ポスト生産主義後に見るフランス山村変容の地理学』勁草書房。

井原満明（2017)「コミュニティ再生の事務局を担う移住者たち」大森彌・小田切徳美・藤山浩編著『世界の田園回帰　11ヵ国の動向と日本の展望』農山漁村文化協会、169-177頁。

167

上田元（2017）「都市問題」島田周平・上田元編『世界地誌シリーズ 8 アフリカ』朝倉書店、86-94頁。

梅田克樹（2013）「農業の発展」友澤和夫編『世界地誌シリーズ 5 インド』朝倉書店、35-47頁。

応地利明（s.d.）「犂の諸類型」『世界大百科事典』https://japanknowledge.com/psnl/display/?lid=102003912200（最終閲覧日：2024年7月8日）

大前悠（2017）「韓国　自給的農業を営む帰農者を訪ねて」大森彌・小田切徳美・藤山浩編著『世界の田園回帰　11ヵ国の動向と日本の展望』農山漁村文化協会、224-232頁。

小倉尚子（1994）「農業経営の法人化——フランスのガエク——」中安定子・小倉尚子・酒井富夫・淡路和則『先進国　家族経営の発展戦略　独・仏・日それぞれの進路』農山漁村文化協会、79-151頁。

長部重康（1995）「戦後の経済発展」柴田三千雄・樺山紘一・福井憲彦編『世界歴史体系　フランス史 3 ——19世紀なかば〜現在——』山川出版社、333-385頁。

小田中直樹（2018）『フランス現代史』岩波新書。

加賀爪優（2017）「貿易自由化と日本農業」『農業と経済』編集委員会監修、小池恒男・新山陽子・秋津元輝編『新版　キーワードで読みとく現代農業と食料・環境』昭和堂、32-37頁。

菊地俊夫（2014）「オセアニアにおけるグローバル化と経済活動の変化」菊地俊夫・小田宏信編『世界地誌シリーズ 7 東南アジア・オセアニア』朝倉書店、115-128頁。

菊池美菜海,・伊丹一浩,・池田真也（2024）「学校給食への地場産野菜供給における調理場方式に起因する課題の検討——茨城県南地域 2 市の事例——」『農業経済研究』第95巻第 4 号、291-296頁。

金氣興（2011）『地域に根ざす有機農業　日本と韓国の経験』筑波書房。

木村純子（2022）「テリトーリオの内発的発展——農業の多機能性による地域の持続可能性——」木村純子・陣内秀信編著『イタリアのテリトーリオ戦略　甦る都市と農村の交流』白桃書房、59-120頁。

楠本雅弘・中島紀一（2018）『ともに豊かになる有機農業の村——中国江南・戴庄村の実践』農山漁村文化協会。

国連世界食糧保障委員会専門家ハイレベル・パネル（2014）『人口・食料・資源・環境　家族農業が世界の未来を拓く　食料保障のための小規模農業への投資』（家族農業研究会／（株）農林中金総合研究所共訳）農山漁村文化協会。

コックラル＝キング（2014）『シティ・ファーマー　世界の都市で始まる食料自給

革命』(白井和宏訳) 白水社。

是永東彦 (1993)『フランス農業構造の展開と特質』日本経済評論社。

是永東彦 (1998)『フランス山間地農業の新展開　農業政策から農村政策へ』農山漁村文化協会。

ジェルヴェ、セルヴォラン、ヴェーユ (1969)『小農なきフランス』(津守英夫訳) 農政調査委員会。

小規模・家族農業ネットワーク・ジャパン (SFFNJ) 編 (2019)『よくわかる国連「家族農業の10年」と「小農の権利宣言」』農山漁村文化協会。

杉村和彦・鶴田格・末原達郎 (2023)「序論：アグラリアン・バイアスを超えて」杉村和彦・鶴田格・末原達郎編『アフリカから農を問い直す　自然社会の農学を求めて』京都大学学術出版会、3-39頁。

鈴木宣弘・木下順子 (2017)「日本の農産物輸入と日本農業の将来像」「農業と経済」編集委員会監修、小池恒男・新山陽子・秋津元輝編『新版 キーワードで読みとく現代農業と食料・環境』昭和堂、10-11頁。

須田文明 (2021)「プロジェクトとしての都市食料主権——フランスの「地域食料プロジェクトPAT」等を事例に——」『総合政策』第22巻、51-69頁。

須田文明 (2022a)「フランスにおける資本主義的農業発展の複数の道：脱炭素化蓄積体制をこえて」『総合政策』第23巻、75-94頁。

須田文明 (2022b)「「山崎亮一著作集 第3巻 越境する農業構造論」解題」山崎亮一『山崎亮一著作集 第3巻 越境する農業構造論　伊那谷、フランス、ベトナム南部』筑波書房、311-328頁。

須田文明 (2024)「フランスにおける永続的農業近代化：メトロポールによる食料農業政策を例に」『総合政策』第25巻、61-80頁。

関根佳恵 (2022)「世界における有機食材の公共調達政策の展開：ブラジル、アメリカ、韓国、フランスを事例として」『有機農業研究』第14巻第1号、7-17頁。

セルヴォラン (1992)『現代フランス農業——「家族農業」の合理的根拠』(是永東彦訳) 農山漁村文化協会。

田中素香 (2017)「EUの共通政策とEU財政——共通の制度の構築によって市場を管理する——」田中素香・長部重康・久保広正・岩田健治『現代ヨーロッパ経済』有斐閣、71-105頁。

辻村英之 (2021)『キリマンジャロの農家経済経営　貧困・開発とフェアトレード』昭和堂。

蔦谷栄一 (2019)「食から社会的活動まで模索するイタリアのGAS」波夛野豪・唐崎卓也編著『分かち合う農業CSA〜日欧米の取り組みから〜』創森社、

107-117頁。

トレイシー（1966）『西欧の農業——1880年以降の危機と適応——』（阿曽村邦昭・瀬崎克己訳）農林水産業生産性向上会議。

中島成久（2021）『アブラヤシ農園開発と土地紛争　インドネシア、スマトラ島のフィールドワークから』法政大学出版局。

新山陽子（2023）「フランスのエガリムII法の目的と仕組み——生産費を考慮した公正な農産物価格の形成——」『畜産技術』第815号、47-48頁。

新山陽子・杉中淳・大住あづさ・吉松亨（2023）「フランスEgalim法、Egalim II法に見る生産コストを考慮した価格形成——法に見る仕組み、実施に向けた議論、日本の課題——」『フードシステム研究』第30巻第2号、37-52頁。

農民運動全国連合会編著（2020）『国連家族農業10年　コロナで深まる食と農の危機を乗り越える』かもがわ出版。

波夛野豪・唐崎卓也編著（2019）『分かち合う農業CSA〜日欧米の取り組みから〜』創森社。

羽生のり子（2017）「「百姓」になりたがるエリートたち」大森彌・小田切徳美・藤山浩編著『世界の田園回帰　11ヵ国の動向と日本の展望』農山漁村文化協会、86-93頁。

林田秀樹編著（2021a）『アブラヤシ農園問題の研究 I【グローバル編】——東南アジアにみる地球的課題を考える——』晃洋書房。

林田秀樹編著（2021b）『アブラヤシ農園問題の研究 II【ローカル編】——農園開発と地域社会の構造変化を追う——』晃洋書房。

久野秀二（2011）「国連「食料への権利」論と国際人権レジームの可能性」村田武編著『食料主権のグランドデザイン』農山漁村文化協会、161-206頁。

久野秀二（2017）「世界のアグリビジネス」『農業と経済』編集委員会監修、小池恒男・新山陽子・秋津元輝編『新版 キーワードで読みとく現代農業と食料・環境』昭和堂、12-17頁。

平澤明彦（2019）「EU共通農業政策（CAP）の新段階」村田武編『新自由主義グローバリズムと家族農業経営』筑波書房、123-167頁。

フェネル（1999）『EU共通農業政策の歴史と展望——ヨーロッパ統合の礎石』（荏開津典生監訳）食料・農業政策研究センター。

福井憲彦（1995）「二十世紀の文化と社会—— 一九二〇年代からもう一つの世紀末へ」柴田三千雄・樺山紘一・福井憲彦編『世界歴史体系　フランス史3——19世紀なかば〜現在——』山川出版社、459-503頁

藤原辰史（2017）『トラクターの歴史　人類の歴史を変えた「鉄の馬」たち』中公新書。

ボヴェ、デュフール（2001）『地球は売り物じゃない！──ジャンクフードと闘う農民たち──』（聞き手：ジル・リュノー、新谷淳一訳）紀伊國屋書店。

真嶋良孝（2011）「食料危機・食料主権と「ビア・カンペシーナ」」村田武編著『食料主権のグランドデザイン』農山漁村文化協会、125-162頁。

松村圭一郎（2017）「生業と土地利用の変化」島田周平・上田元編『世界地誌シリーズ 8 アフリカ』朝倉書店、56-63頁。

丸山浩明「アグリビジネスの発展と課題──大豆・バイオ燃料生産の事例──」丸山浩明編『世界地誌シリーズ 6 ブラジル』朝倉書店、92-105頁。

マンドゥラース（1973）『農民のゆくえ』（津守英夫訳）御茶の水書房。

三浦秀一（2017）「オーストリア　森の農民が再生可能エネルギーの担い手となる」大森彌・小田切徳美・藤山浩編著『世界の田園回帰　11ヵ国の動向と日本の展望』農山漁村文化協会、178-189頁。

村田武（2019）「「新自由主義グローバリズム」と家族農業経営」村田武編『新自由主義グローバリズムと家族農業経営』筑波書房、1-21頁。

門田一徳（2019）『農業大国アメリカで広がる「小さな農業」　進化する産直スタイル「CSA」』家の光協会。

八重樫泰地・伊丹一浩・池田真也（2024）「クラウドファンディングの利用が6次産業化事業の広報に及ぼす影響──購入型クラウドファンディングで資金調達に成功した農業者に着目して──」『農業経済研究』第96巻第1号、37-42頁。

矢ケ崎典隆（2011）「農業地域の形成と食料生産」矢ケ崎典隆編『世界地誌シリーズ 4 アメリカ』朝倉書店、57-72頁。

山崎亮一（2022）『山崎亮一著作集 第3巻 越境する農業構造論　伊那谷、フランス、ベトナム南部』筑波書房。

湯澤規子（2020）『ウンコはどこから来て、どこへ行くのか──人糞地理学ことはじめ』ちくま新書。

横山智（2014）「東南アジア大陸部の村落と農民の変容」菊地俊夫・小田宏信編『世界地誌シリーズ 7 東南アジア・オセアニア』朝倉書店、53-62頁。

ライト（1965）『フランス農村革命──20世紀の農民層──』（杉崎真一訳）農林水産業生産性向上会議。

ル・ロワ（1984）『フランス農業事情　もう一つのフランス』（笹谷秀光訳）御茶の水書房。

3.参考ホームページ

AMAP de Veynes（Association pour le Maintien d'une Agriculture Paysanne）

①[AgriSolBuëch], http://agrisolbuech05.free.fr/（最終閲覧日：2024年 5 月17日）

②[AgriSolBuëch]Qu'est ce qu'une AMAP ?, http://agrisolbuech05.free.fr/spip.php?article36（最終閲覧日：2024年 5 月17日）

Avenir bio

Les AMAP des HAUTES-ALPES, trouver et adhérer à une AMAP des HAUTES-ALPES, https://www.avenir-bio.fr/AMAP.php?soumission=OUI&mode=recherche&dep=&dep=05（最終閲覧日：2024年 5 月17日）

Le Dauphiné libéré

①La commune n'est pas éligible au plan de relance en faveur des jardins partagés, https://www.ledauphine.com/culture-loisirs/2021/03/19/la-commune-n-est-pas-eligible-au-plan-de-relance-en-faveur-des-jardins-partages（最終閲覧日2023年12月29日）

②Le renouveau du Jardin des canaux, https://c.ledauphine.com/environnement/2023/06/19/le-renouveau-du-jardin-des-canaux?login=1（最終閲覧日2024年 4 月 9 日）

③Les jardins partagés, une idée qui germe, https://www.ledauphine.com/culture-loisirs/2021/03/19/les-jardins-partages-une-idee-qui-germe（最終閲覧日：2023年12月21日）

EP05（Echanges Paysans Hautes-Alpes）

①Contexte & Origine du projet, https://www.echanges-paysans.fr/qui-sommes-nous-/historique/（最終閲覧日：2024年 7 月 5 日）

②Echanges Paysans Hautes-Alpes c'est quoi?, https://www.echanges-paysans.fr/qui-sommes-nous-/echanges-paysans-hautes-alpes-c-est-quoi-/（最終閲覧日：2024年 7 月 5 日）

③Finalités économiques et d'utilités Sociales, https://www.echanges-paysans.fr/qui-sommes-nous-/finalites-economiques-et-d-utilites-sociales/（最終閲覧日：2024年 7 月 5 日）

④Qui sommes-nous?, https://www.echanges-paysans.fr/qui-sommes-nous-/qui-sommes-nous-/（最終閲覧日：2024年 7 月 5 日）

GRAAP（Groupement de recherche-action sur l'agroécologie paysanne）

①Accueil - ADEAR,https://agroecologiepaysanne-graap.org/（最終閲覧日：2024年 7 月 5 日）

②Relocalisation alimentaire - Qu'est-ce que la relocalisation ? - ADEAR, https://agroecologiepaysanne-graap.org/relocalisation-alimentaire/quest-ce-que-la-relocalisation（最終閲覧日：2024年 5 月13日）

参考文献・参考ホームページ一覧

INSEE（Institut national de la statistique et des études économiques）

①Département des Hautes-Alpes, https://www.insee.fr/fr/metadonnees/ geographie/departement/05-hautes-alpes.（最終閲覧日：2024年5月13日）

②Dossier complet - Commune de Briançon（05023）, https://www.insee.fr/fr/stati stiques/2011101?geo=COM-05023（最終閲覧日：2024年5月13日）

③Dossier complet - Commune de Gap（05061）, https://www.insee.fr/fr/statistiqu es/2011101?geo=COM-05061（最終閲覧日：2024年5月13日）

④Dossier complet - Département des Hautes-Alpes（05）, https://www.insee.fr/fr/ statistiques/2011101?geo=DEP-05（最終閲覧日：2024年5月13日）

⑤Nouveaux cantons des Hautes-Alpes, https://www.insee.fr/fr/statistiques/ 1285409（最終閲覧日：2024年5月13日）

Mairie de PSP（Mairie de Puy-Saint-Pierre）

①Informations pratiques du jardin des canaux, https://www.puysaintpierre.fr/ index.php/activites/patrimoine/jardins-des-canaux/593-informations-pratiques （最終閲覧日：2024年4月9日）

②Jardins Partagés, https://www.puysaintpierre.fr/index.php/vie-municipale/ commissions-participatives/jardins-partages（最終閲覧日：2023年12月29日）

③RDV au Jardin des Canaux samedi 17 juin, https://www.puysaintpierre.fr/index. php/23-actualites-de-la-commune/464-rdv-au-jardin-des-canaux-samedi-17-juin（最 終閲覧日：2023年12月21日）

RAB de PACA（Le réseau des agriculteurs bio de Provence-Alpes-Côte d'Azur）

Agribio 05 - Les agriculteurs Bio de PACA', https://www.bio-provence.org/ Agribio-05（最終閲覧日：2023年12月21日）

図表一覧

地図　オート=ザルプ県の位置と地域 ・・・・・・・・・・・・・・・・・・・・・・・・・・・・・・・・・ vi

表III-1　オート=ザルプ県の土地の地目別分布（1852年）・・・・・・・・・・・・・・・ 25
表III-2　オート=ザルプ県の耕地の作目別分布（1852年）・・・・・・・・・・・・・・ 25
表III-3　オート=ザルプ県の家畜の飼育頭数（1852年）・・・・・・・・・・・・・・・ 26
表III-4　オート=ザルプ県における家畜の価格と収益・・・・・・・・・・・・・・・・・ 37
表III-5　19世紀前半のブリアンソン大郡の農家の収支・・・・・・・・・・・・・・・・・ 38
表IV-1　オート=ザルプ県の自作・定期借地・分益小作の経営者数（1929年）・・ 46
表IV-2　オート=ザルプ県の農業経営の規模別分布（1929年）・・・・・・・・・・・ 47
表IV-3　オート=ザルプ県の土地の地目別分布（1929年）・・・・・・・・・・・・・ 47
表IV-4　オート=ザルプ県の家畜の飼育頭数（1929年）・・・・・・・・・・・・・・・ 48
表IV-5　オート=ザルプ県における主要農機具（1929年）・・・・・・・・・・・・・ 60
表V-1　オート=ザルプ県とフランスの農業経営数の規模別割合（1970年）・・・ 83
表V-2　オート=ザルプ県とフランスの農業利用地面積の経営規模別割合
　　　　（1970年）・・・ 83
表V-3　オート=ザルプ県の農業利用地面積の地目別分布（1970年）・・・・・・・・ 84
表V-4　オート=ザルプ県の家畜の飼育頭数（1970年）・・・・・・・・・・・・・・・・・ 84
表V-5　オート=ザルプ県におけるトラクタの所有と利用の状況（1970年）・・・ 86
表V-6　オート=ザルプ県における畜舎の整備（①1966年から1971年と②1972年
　　　　から1974年）・・ 87
表VI-1　オート=ザルプ県の農業利用地面積の作目別分布（2020年）・・・・・・・・ 117
表VI-2　オート=ザルプ県の家畜の飼育頭数（2020年）・・・・・・・・・・・・・・・・ 118
表VI-3　オート=ザルプ県の認証取得経営数（2010年と2020年）・・・・・・・・・・・ 121
表VI-4　オート=ザルプ県の有機農業利用地面積（転換中も含む）の作目別分布
　　　　と各作目の中での割合（2020年）・・・・・・・・・・・・・・・・・・・・・・・・・・・ 122

175

索　引

【アルファベット】

AMAP　125, 127, 131-135, 140, 144-146,
　　　150.

AOP　120, 123, 124, 145.

CSA　131, 153, 158.

DJA　111, 126.

FTA　154.

GAEC　135, 144, 145.

GAS　146.

GATT　153, 154.

GIEE　123.

HVE　123, 124, 143.

IGP　123, 124.

IVD　81, 95, 102, 106.

SAFER　81, 106.

TPP　154.

WTO　153, 154, 158.

【あ　行】

アヴィニョン　50, 52.

明石　10.

アグリビジネス　18, 103, 116, 119, 121,
　　　130, 152-154, 158.

アグロエコロジー　118, 135, 136, 147.

アサ　2, 27, 28, 36, 68, 146.

アジア　152.

アジュネ　54.

アヌシー　57.

アプト　50, 52, 53.

アブリエス　94.

アフリカ　152, 153, 156, 158.

アメリカ　16, 39, 55, 59, 80, 98, 131,
　　　152, 153, 156, 158.

アルヴィウー　90, 107.

アルジェリア　120.

アルプ山脈　10.

アルプ地方口承センター　88, 91.

アルプ=ドゥ=オート=プロヴァンス県
　　　10, 19, 54.

アレール犂　32, 33, 41, 42, 60.

アンブラン　10, 14, 28, 30, 32.

アンブラン大郡　32, 37.

アンブリュネ　56, 57, 59, 86.

飯沼二郎　42.

イギリス　54, 55, 154, 156, 158.

石井圭一　113.

イゼール県　10, 28.

イタリア　10, 14-16, 30, 39, 54, 146, 158.

市川康夫　113.

遺伝子組み換え作物　138.

イドゥー　49, 50, 58, 61, 63, 64, 75.

インド　41, 158.

ヴァルゴドゥマール　20, 27, 130.

ヴァンタヴォン　85, 89.

ヴィヴィエ　30.

177

ヴェーヌ　132.

ヴェーヌ小郡　51, 57.

ヴェルネ　58, 61, 63, 64, 75.

ヴェレ　28, 29, 55.

ウシ　24, 26, 30, 33, 48, 61, 84, 91, 92, 101, 103, 117.

ウシ飼い　75.

ウマ　33, 37, 48, 61, 88, 89, 91-94, 97, 101, 103, 108, 110.

ウール川　90.

英仏通商条約　26.

エガリムII法　143.

エガリム法　123, 126, 143.

役畜　26, 34, 42, 48, 61, 92, 103, 108.

エクス　50, 52, 75.

エスカルトン　14, 15, 21.

エチオピア　158.

エネルギー代謝　3.

エピーヌ　90.

エンバク　38, 62.

欧州経済共同体　80, 82.

欧州連合　116, 158.

オーストラリア　152, 153, 158.

オーストリア　158.

オート=デュランス環境イニシアティブセンター　137, 146

オルシエール小郡　73.

オルピエール小郡　51.

【か　行】

価格支持政策　118.

化学肥料　5, 31, 35, 46, 60, 65, 66, 71, 90, 103, 108, 116, 138, 152.

果樹　11, 12, 18, 25, 48, 51, 56, 65, 71, 84, 89, 91, 97, 110, 117, 120, 123, 138, 142.

果樹園　52, 83, 89.

ガソリンモーター　62, 63, 75.

カルパントラ　53.

観光業　16-18, 21, 22, 81, 116.

韓国　156, 158.

ギエーストル　30.

北アフリカ　59.

ギャップ　10, 14, 16, 17, 24, 29, 30, 32, 54, 58, 59, 67, 70, 72, 75, 88, 89, 92, 98, 126, 127, 147.

ギャップ大郡　37, 51.

ギャパンセ　56, 86, 89.

キャベツ　67.

休閑地　25.

給食　123, 125, 126, 130, 131, 143, 150.

牛肉　67, 80, 158.

牛乳　26, 46, 56-58, 62, 67, 73, 80, 84, 100, 101, 117, 120, 134.

厩肥　31, 32, 35, 138.

厩肥排出機構　87.

行商　38, 69, 72.

共通農業政策　80, 82, 106, 111, 116, 118, 120, 141.

共同地　26, 35, 40.

共同放牧　26.

去勢ウシ　37.

グアノ　32, 33, 65.

草刈り機　60, 61, 63, 88.

クラウドファンディング　134.

グリュイエール・チーズ　30, 74.

クルミ　52, 90.

クルミ園　90, 110.

クレヴー　94.

クローバー　25.

クワ　40.

ケラ　14, 30, 56, 57, 69, 107, 123.

兼業　4, 5, 19, 24, 27, 38-40, 65, 66, 69, 71, 76, 97, 155.

交換分合　84, 85, 95, 109.

荒蕪地　24.

鉱物肥料　24, 28, 31, 35, 65.

小型トラック　63, 70.

小型ブラバン犂　60.

コカーニュ農園　126.

国際家族農業年　159.

穀竿　33.

国連家族農業の10年　159.

子ヒツジ　48, 58, 59, 65, 84, 99, 117, 123, 132, 142.

コムギ　67.

コロナ禍　132, 133, 135, 138.

混合ムギ　67.

根菜類　25.

コンポスト　138.

【さ 行】

菜園　68, 88, 93, 106, 137, 138, 146.

栽培牧草　24, 25, 95.

サヴォワ　90, 120.

サヴォワ県　10.

山岳地域法　13, 21.

山岳地の荒廃　29, 30, 40, 58.

山岳地の復元・保全事業　107.

山岳デュランス中流地域　28, 29.

サン＝シャフレ　56, 76.

産消提携　130, 131, 150, 153.

散水式灌漑　85, 95, 127, 142.

サン＝タンドレ＝ダンブラン　95, 99.

３年輪作　25.

サン＝フィルマン　95.

サン＝ボネ　90.

サン＝ローラン＝デュ＝クロ　93.

塩　4, 5, 14, 24, 36, 38, 109.

シゴワイエ　65, 69, 70, 88, 90, 103, 104.

自然草地　25, 36, 61, 65, 94, 107.

シティ・ファーム　156.

自動車　3-5, 70, 71, 104, 105, 156.

地場農産物　130, 131, 143.

ジャガイモ　24, 25, 65-67, 126, 127.

シャトールー　51.

シャリュー犂　32, 33, 41, 42, 74.

ジャルダン・パルタジェ　137-140, 147, 151, 156.

シャンソール　20, 29, 30, 36, 51, 57, 59, 65, 85, 86, 89, 95, 130.

シャンポレオン・チーズ　73.

収穫＝結束機　60, 61, 63, 74, 88.

収穫＝脱穀機　86.

集草プレス機　86, 107.

ジュラ　30.

ジュラ県　126.

女性　30, 57, 76, 82, 92, 118, 146.

自立最低面積　81, 82, 106.

新自由主義的グローバリズム　18, 151, 152, 154-156, 158.

森林　24, 96, 106.

森林行政　30, 73.

水車　62.

スイス　30.

水平カッターバー　96, 97.

水力発電業　17.

水力モーター　62.

数量割り当て制度　117.

犂先　35, 36, 74, 101.

須田文明　141, 142, 146.

スペイン　14, 38, 54.

スペイン継承戦争　15.

スペルトコムギ　123, 133, 145.

西岸海洋性気候　11.

製酪　26, 27, 30.

製酪組合　21, 30, 73, 120.

セインフォイン　25.

セール　16, 49.

セール小郡　51.

セール=ポンソン・ダム　16, 17, 85.

セーロワ=ロザネ　86.

霜害　12, 85, 120, 142.

租税　5, 36, 38.

【た　行】

タイ　158.

大エスカルトン　14.

堆肥　31, 35, 62, 65, 66, 75, 94.

堆肥散布機　110.

脱穀　33, 72.

脱穀機　33, 60, 62, 63, 91.

タラール小郡　51.

短経路流通　119, 124, 130, 135, 136,
　　142, 146, 150.

男性　82, 76, 118.

畜力回転装置　62.

チーズ　26, 38, 74, 132-134.

地中海性気候　11.

中央山塊　90, 113.

中国　158.

長経路化　119-121, 130, 150.

長経路流通　18, 51, 116, 131, 136, 142.

直接支払い　118.

デヴォリュイ　30, 56-58, 89.

出稼ぎ　4, 5, 24, 27, 38, 65, 66, 68, 69,
　　71, 72, 76, 97, 155.

鉄道　16, 29, 52, 58, 59, 72.

デュランス川　19, 20, 28, 54, 85, 89.

テライエ　32.

電気モーター　62.

テンサイ　65, 66.

点滴式灌漑　127, 142.

ドイツ　39, 53.

東南アジア　152, 158.

動力草刈り機　86, 88.

トゥレクレウー　27.

ドゥローム県　10, 54.

トゥーロン　50, 52.

都市農業　139, 156.

トラック　11, 50, 52, 56, 62, 109, 152.

トレーラ　91, 93, 96, 110.

ドンバール　42.

ドンバール犂　32, 34.

【な　行】

内燃機関　75.

ナシ　46, 49-53, 72, 84, 90, 117, 134, 142,

145.

二重ブラバン犁　60.

ニース　50, 52.

2年輪作　25.

日本　2, 5, 55, 63, 108, 131, 136, 139,
　　143, 145, 151-153, 156-158.

ニーム　52.

乳牛　56, 58, 87, 101, 133.

乳業会社　56, 57, 73, 120.

ネオ＝ペイザン　145.

ネオ＝リューロー　134, 135, 137, 145,
　　151.

ネスレ社　16, 56, 57, 101, 120.

農業会議所　101, 124, 143.

農業機械　5, 24, 31, 35, 46, 60, 63, 64,
　　66, 86, 87, 91, 103-105, 107, 108.

農業機械利用協同組合　90, 107.

農業信用金庫　97, 98, 100, 110.

農業の方向付けに関する法　80, 116.

農薬　5, 103, 116, 138.

【は　行】

配食サービス　123, 125, 126, 130, 131,
　　143.

バス＝ザルプ県　54.

バター　38, 73, 74, 101, 103.

パリ　10, 50, 52, 53, 59, 144.

パリ＝リヨン＝マルセイユ鉄道会社
　　52.

ハロー　110.

パン　67, 69, 70, 132.

半月鎌　33, 72, 88.

半日農業論　156.

半農半X　156.

パン屋　67, 69, 70, 133.

パン焼き窯　69, 70.

ビア・カンペシーナ　158, 159.

ピエモンテ　28.

ピオネティ　118, 122, 143.

東インド　39.

ヒース地　24, 107.

ヒツジ　24, 26, 29, 30, 33, 48, 56, 58, 59,
　　67, 74, 84, 101, 113, 117-119, 123,
　　142, 144.

ヒツジ飼い　38, 75, 97, 109.

ピュイ＝サン＝タンドレ　73.

ピュイ＝サン＝ピエール　137, 139, 146,
　　147.

ビュエッシュ川　16, 19, 20, 89.

ビュフォー　36, 43, 67-69, 76.

電害　12, 133, 142.

ファルノー　27, 28, 33-35, 40, 42, 75.

フィックスト・ゲーム　13, 15, 19, 21,
　　30, 71, 111, 141, 155, 157.

フェア・トレード　153.

フォール＝エネ　38.

副業　4, 5, 19, 27, 38-40, 68, 69, 71, 76,
　　155.

複数犁先付きシャリュー犁　60.

藤原辰史　107.

ブタ　72.

物質代謝　3.

ブドウ　27-29, 49, 67, 72, 93, 122, 134.

ブドウ畑　25, 36, 48, 70, 83.

プラウ　63, 96, 107, 110.

ブラジル　152.

プラム　52-54, 90.

フランス・アルプ　20.

フランス王国　10, 14, 15, 18.

フランス革命　10, 15,

ブリアンソネ　14, 29, 30, 32, 36, 38, 56, 67, 68, 76, 89, 137.

ブリアンソネ地質鉱山協会　146.

ブリアンソン　10, 14-17, 21, 32, 69, 76, 98, 143, 147.

ブリアンソン北小郡　95.

ブリアンソン大郡　32, 36, 40, 41, 51.

ブルターニュ　59, 111, 143.

ブルー・チーズ　73, 74, 123.

プロヴァンス　12, 27, 28, 30, 131.

プロヴァンス=アルプ・コート・ダジュール地域圏　10, 119.

ボヴェ　158.

放牧　11, 25, 26, 30-33, 35, 40, 56, 59, 84, 94, 103, 132, 145.

放牧地　12, 20, 24, 26, 30-32, 40, 56, 58, 59, 65, 84, 94, 106, 107.

ボカージュ　95, 109.

牧草　11, 12, 25, 26, 61, 72, 91, 93, 107.

牧草種子　72.

干草　25, 34, 35, 88, 94, 98.

ボネール　12.

ボーフォール・チーズ　120.

ポルトガル　38.

ホルモン剤　158.

ポワトゥー　30.

【ま　行】

マメ類　25, 88, 122, 126, 132, 133.

マルセイユ　32, 50, 52, 59.

緑の革命　152, 158.

南ヨーロッパ　42.

民法典相続法　43.

ムースティエ　17, 95.

無輪犂　32, 41, 42.

雌ウシ　34, 42, 61, 100.

メキシコ　158.

雌ヒツジ　59, 99, 133, 142.

モネティエ=レ=バン　90, 94.

モンモラン　90, 95.

【や　行】

野菜　11, 25, 67, 122, 124-127, 132, 133, 135-137, 140, 144, 157.

有機農業　121, 122, 125, 126, 128, 129, 142, 150, 153.

有輪犂　32, 42.

湯澤規子　108.

ユトレヒト条約　15.

ユバイユ　29.

養蚕　40.

羊乳　30, 73, 132, 134.

羊毛　2, 14, 26, 27, 29, 30, 39, 58, 68, 117.

ヨーロッパ　82, 85, 113, 143, 152, 158.

ヨーロッパ人　112.

【ら　行】

ライムギ　20, 38, 67, 94.

ラヴェ社　56.

酪農　26, 39, 46, 48, 56-59, 65, 93, 113, 117, 118, 120, 142.

ラ・グラーヴ小郡　20, 31.

ラシヴェ　41.

ラジオ　70, 71, 104.

ラ＝ソールス　126, 128.

ラテンアメリカ　152, 153.

ラドゥーセット　20.

ラバ　30, 42, 60-62, 94, 109.

ラベル・ルージュ　123, 124, 142.

ラベンダー　46, 48, 54-56, 65, 71, 134,
　　142.

ラベンダーエッセンス　54, 55.

ラベンダーオイル　123.

ララニェ　86.

ララーニュ　49, 51, 52, 57, 63.

ララーニュ小郡　51, 57.

ラルジャンティエール　16, 69.

ラ＝ロッシュ　69.

ラングドック　30.

ランボー　69, 70, 74, 103.

リビエ　19, 20, 52.

リビエ小郡　51.

リヨン　50, 52, 59.

リンゴ　46, 51-53, 72, 84, 90, 117, 118,
　　120, 123, 132, 134, 142, 145.

輪作　40, 66, 133.

輪作体系　24, 25, 106, 107.

レアロン　88, 94, 98.

レーキ　61, 110.

レトゥリー・ブリアンソネーズ社　16.

レンズマメ　133.

ロイエ　28, 29, 31-37, 40, 42, 43, 49.

ロザネ　52.

ロザン小郡　74.

ロシア　120.

ロックフォール・チーズ　158.

ロバ　88, 95.

ローラー　110.

ロレーヌ　42.

ロンドン　53.

【わ　行】

ワイン　28, 29, 38, 67, 123, 124, 143.

稚内　10.

《著者紹介》

伊丹　一浩（いたみ　かずひろ）

1968年　兵庫県神戸市に生まれる
1998年　東京大学大学院農学生命科学研究科博士課程単位取得退学
現　在　茨城大学農学部教授・博士（農学）

著　書　『民法典相続法と農民の戦略──19世紀フランスを対象に──』（御茶の水書房、2003年）
　　　　『堤防・灌漑組合と参加の強制──19世紀フランス・オート＝ザルプ県を中心に──』（御茶の水書房、2011年）
　　　　『環境・農業・食の歴史──生命系と経済──』（御茶の水書房、2012年）
　　　　『山岳地の植林と牧野の具体性剥奪──19世紀から20世紀初頭のフランス・オート＝ザルプ県を中心に──』（御茶の水書房、2020年）
　　　　『製酪組合と市場競争（フィックスト・ゲーム）への誘引──19世紀中葉から20世紀初頭のフランス・オート＝ザルプ県を対象に──』（御茶の水書房、2022年）
　　　　『入門 食と農の人文学』（湯澤規子・藤原辰史との共編著、ミネルヴァ書房、2024年）

山岳地農業における収益の強迫と生活への回旋
──19世紀から21世紀初頭のフランス・オート＝ザルプ県を対象に──

2024年11月25日　第1版第1刷発行

著　　者　　伊　丹　一　浩
発 行 者　　橋　本　盛　作
発 行 所　　株式会社御茶の水書房

〒113-0033 東京都文京区本郷5-30-20
電話 03(5684)0751．FAX 03(5684)0753
組版・印刷／製本　モリモト印刷（株）

Kazuhiro ITAMI © 2024年

定価はカバーに表示してあります
乱丁・落丁はお取替えいたします。

Printed in Japan
ISBN978-4-275-02189-2　C3022

伊丹一浩著
製酪組合と市場競争への誘引 <small>フィックスト・ゲーム</small> A5判／190頁　本体3900円
──19世紀中葉から20世紀初頭のフランス・オート＝ザルプ県を対象に──
　　　フランス南部山岳地オート＝ザルプ県を対象に定めつつ、災害対策としての植林事業への住民理解を促進するべく打出された製酪組合普及政策が、フイックスト・ゲームのごとき市場競争への誘引に繋がる事理を剔出。

伊丹一浩著
山岳地の植林と牧野の具体性剥奪 A5判／436頁　本体7200円
──19世紀から20世紀初頭のフランス・オート＝ザルプ県を中心に──
　　　南フランス・アルプ地方における災害対策としての荒廃山岳地の植林事業と地域住民の牧野利用との相克より生み出されるフィックスト・ゲームとしての市場競争への駆動を検出。

伊丹一浩著
堤防・灌漑組合と参加の強制 A5判／274頁　本体5600円
──19世紀フランス・オート＝ザルプ県を中心に──
　　　南フランス・アルプ住民の自然への働きかけと、制度に対する能動性を剔出。農村住民の災害対策・資源利用を明らかにし、組合参加の強制をめぐる問題を分析。

伊丹一浩著
民法典相続法と農民の戦略 A5判／262頁　本体5600円
──19世紀フランスを対象に──
　　　フランス農民の相続とその戦略を手稿史料から明らかにし、民法典との葛藤の中から新しい制度が立ち上がる過程を分析。尾中郁夫・家族法学奨励賞受賞。日本農業経済学会奨励賞受賞。

伊丹一浩著
環境・農業・食の歴史 A5判／216頁　本体2200円
──生命系と経済
　　　いのちや健康、生命に関わるものとして、環境・農業・食の問題の展開を跡づける入門書。よりよい社会を模索し、構築していくための、そして、今後のあり方の可能性を広げるための一冊。